Christiane Wittig & Michaela Hares

Kollege Hund

Konrad-Zuse-Straße 3 • D-54552 Nerdlen/Daun
Telefon: 06592 957389-0
Telefax: 06592 957389-20
www.kynos-verlag.de

Gedruckt in Lettland

ISBN 978-3-95464-195-6

Bildnachweis: Alle Bilder sowie Titelbild www.Tierfotografie-Winter.de außer:
Gisela Rau S. 15-16, 39, 56 u., 61, 76, 125, 131; Michaela Harers s. 72, 79;
Fotografie E. Moser S. 7 o.; Nicole Hilgers S. 56 o.;
Adobe Stock: @BlackRoger S. 17; @aerogondo S. 25; @vitpluz S. 37; @Olga Itina S. 79; @helga1981 S. 85; @Photoboyko S. 89; @adogslifephoto S. 130;

Grafiken: Adobe Stock: @antto S. 45, 47, 126-127; @a7880ss Elemente S. 11, 12, 22 o., 38, 40, 51, 54, 64-65, 80-81, 86, 89, 112, 122, 125; @Anna Mathiasz S. 119 o.; @moryachok S. 29, 44, 52-53, 104-105, 106; @nadia_snopek S. 8-9, 22, 32, 118-119; @topvectors S. 58, 63, 105 u.

Inhaltsverzeichnis

Vorwort 5

Über die Autorinnen 7

Rahmenbedingungen 8

Die private Situation 10
Trainer-Tipp: Welche Rasse? 11
Trainer-Tipp: Wie wird der Arbeitsplatz aussehen? 15
Rahmenbedingungen 17
Abstimmung mit dem Arbeitgeber und den Kollegen 18
Überprüfen der Arbeitssituation – kann Ihr Hund überhaupt dabei sein? ... 23
Risiko bei einem Arbeitsstellenwechsel oder Umzug 28
Vorteile für den Arbeitgeber 30
Rechtliche Aspekte 40
Der Einfluss eines Hundes auf die Zusammenarbeit 45

Der Arbeitsplatz für Kollege Hund 52

Wo bekommt der Hund seinen Platz? 54
Trainer-Tipp: Hundeplatz 57
Training „Auf deinen Platz“ 57
Gefahrenabwehr: Der hundesichere Arbeitsplatz 64
Gut vorbereitet: Was sollte Kollege Hund noch so können? 68
Trainer-Tipp: Umgang mit Menschen 68
Kopftätscheln 69
Umarmen 70
Höfliche Begrüßungen 72
„Erzfeind“ Briefträger? 75
Leckerchen vorsichtig nehmen! 77
Räumliche Enge ertragen können, ohne dabei gestresst zu sein 78
Allein bleiben in fremden Räumen 79
Sauberkeit im Büro 82
Kleidung Indoor und Outdoor 87
Besondere Herausforderungen 90
Trainer-Tipp: Ruhe bewahren bei optischen und akustischen Reizen und bei hektischen Bewegungen 90
Gehen an lockerer Leine 91
Abruf aus jeder Lebenslage 93
Beschäftigung 94
Trainer-Tipp: Tricks, die der Hund am Arbeitsplatz zeigen kann – Nützliches und Nettes 98
Pfötchen geben 98
Winken 99
Etwas tragen 100
Etwas vom Boden aufheben 101
„Tür zu!“ 102

Organisation des Arbeitsalltags *104*
Planung bedeutet Zeitkompetenz *106*
Planen Sie Ihre Tätigkeiten schriftlich *108*
Aufgaben bündeln *109*
Unterscheiden Sie Wichtiges von Unwichtigem *110*
Teilen Sie Ihre Zeit ein *111*
Setzen Sie klare Termine *113*
Trainer-Tipp: „Jetzt nicht!“ *116*
Arbeitsabläufe *120*
Arbeitsunterbrechungen *122*
Eigenverursachte Störungen *123*
Fremdverursachte Störungen *124*

Troubleshooting: Wenn Probleme auftreten *126*
Probleme mit den Kollegen *128*
Probleme mit dem Hundeverhalten *130*
Trainer-Tipp: Der Hund bellt, wenn jemand den Raum betritt *131*
Der Hund klaut das Essen der Kolleginnen und Kollegen *132*
Der Hund kommt nicht zur Ruhe *134*

Service: Nützliches und Bewährtes für den Bürohunde-Alltag *135*

Vorwort

Hunde sind – wie wir auch – soziale Wesen und leiden, wenn sie alleine zurückgelassen werden. Und auch viele Menschen sind unglücklich, wenn sie ihren Vierbeiner den ganzen Tag allein zu Hause lassen müssen.

Viele wünschen sich daher, ihren Hund mit zur Arbeit nehmen zu können und ihn nicht stundenlang alleine zu Hause lassen oder einem Hundesitter übergeben zu müssen. Allerdings sollten die Rahmenbedingungen dafür sorgfältig abgeklärt und die Lebensumstände überprüft werden.

Es geht in diesem Buch nicht nur um den Hund im Büro, sondern um die Integration des Hundes in den Berufsalltag generell.

Einen Hund mit zur Arbeit zu nehmen heißt nicht nur, dass er verträglich und gut erzogen sein muss, sein Halter muss auch über ein gutes Zeit- und Selbstmanagement verfügen, um nicht in Stress zu geraten. Stress sollte auch unter allen Umständen dem Hund erspart bleiben.

Dies gilt sowohl für die Arbeit im Unternehmen als auch für das Arbeiten im Homeoffice und für Selbständige. Auch in Branchen wie der Hotellerie, beim Friseur und sogar in Arztpraxen müssen Mitarbeiter nicht zwangsweise auf die Gesellschaft ihres Vierbeiners verzichten.

Arbeitgeber haben oft Bedenken, dass durch Ablenkungen oder Störungen im Arbeitsablauf die Produktivität der Mitarbeiter leidet. Aber genau das Gegenteil ist der Fall: Wenn der Hund an den Arbeitsplatz mitdarf, müssen sich die Besitzer keine Gedanken machen, ob es ihm gut geht und dass sie unbedingt pünktlich die Firma verlassen müssen, um mit ihrem Liebling Gassi zu gehen. Außerdem verstärkt es die Bindung an das Unternehmen und verbessert in den überwiegenden Fällen das Arbeitsklima.

Laut einer Umfrage des online Portals „Statista" im Auftrag von XING würden 53% der Arbeitgeber ein Haustier am Arbeitsplatz nicht grundsätzlich ablehnen. Von den Arbeitnehmern sind 28% dafür, dass Haustiere am Arbeitsplatz generell erlaubt sein sollten. Mehr als ein Drittel der 1.004 Befragten gab an, dass dies den Arbeitgeber attraktiver machen und die Bindung an das Unternehmen stärken würde (Umfrage des Online-Portals „Statista" im Auftrag von XING im Oktober 2014, zitiert nach *www.houndsandpeople.com/de/tag/statista/).*

Trotzdem sind die Zustimmung des Arbeitgebers und der Kollegen sowie das Aufstellen klarer Regeln eine wichtige Voraussetzung für ein entspanntes Miteinander im Arbeitsalltag.

Dieses Buch soll Bedenken zerstreuen und allen Beteiligten Mut machen, sich auf den Kollegen Hund einzulassen und ihren Arbeitsalltag für sich und ihren Hund gesund, stressfrei und produktiv zu gestalten. Es zeigt Lösungen für Probleme auf oder wenn sich Modalitäten und Rahmenbedingungen ändern.

Wir freuen uns, wenn dieser Ratgeber dazu beiträgt, dass künftig mehr Hunde unseren Arbeitsalltag bereichern.

Christiane Wittig & Michaela Hares

Über die Autorinnen

Christiane Wittig ist seit 1990 erfolgreich als Trainerin und Coach im Bereich Persönlichkeitsentwicklung mit Schwerpunkt Selbstmanagement und Gesundheitsprävention tätig. Insbesondere die Themen Entschleunigung, Zeitbewusstsein, selbstbestimmtes Leben und Arbeitsorganisation, zu denen sie bereits mehrere Bücher verfasst hat, liegen ihr am Herzen. Ihre Labradorhündin Kuba ist im Arbeitsalltag stets dabei und inspirierte sie zu diesem Buch. *www.wws-wittig.de*

Michaela Hares ist als Hundetrainerin (Top-Trainer Tierakademie Scheuerhof) und Ausbilderin für Hundetrainer tätig. Sie ist Co-Autorin vieler Bücher und DVDs und gefragte Referentin für Seminare zum Thema modernes Hundetraining. Als gelernte Erzieherin ist sie im Nebenjob noch in einer Kita tätig, zu der ihre beiden Border Collies Lamo und Fosco sie regelmäßig begleiten. Eine weitere Leidenschaft des Trios ist das Suchen und Aufspüren von Bettwanzen. *www.tierakademie.de*
Als Co-Autorin verfasste sie für dieses Buch die ***Trainer-Tipps***.

Rahmenbedingungen

Die private Situation

Vor vielen Jahren wollte ich sehnlichst einen Hund. Ich arbeitete zu der Zeit in einer kleinen Agentur und mein Chef hätte nichts dagegen gehabt, wenn ich meinen Hund mit ins Büro gebracht hätte. Ich fuhr also an einem Samstag ins Tierheim und besuchte dort die armen Geschöpfe, die alle auf ein neues Zuhause hofften. Aber bei so vielen erwartungsvoll auf mich gerichteten Augen konnte ich mich für keinen Adoptivhund entscheiden. Das war sowohl für mich als auch für die Hunde im Nachhinein die richtige Entscheidung, denn zwei Jahre später wechselte ich den Arbeitgeber und in der neuen Firma hätte ich keinen Hund mitnehmen können.

Einige Jahre später machte ich mich selbständig. Bei einer Freundin traf ich eine ehemalige Kollegin wieder, die inzwischen einen Hund hatte, weil ihn ihr Mann mit zur Arbeit nehmen konnte. Allerdings wollten beide nicht auf längere Reisen und Kurztrips am Wochenende verzichten, ihre Hündin Polly dabei aber nicht mitnehmen. Mittlerweile war ich nicht mehr so oft unterwegs beziehungsweise war flexibler in der Einteilung meiner Abwesenheiten. So kam ich zu einem „halben" Hund. Wir machten immer einen Halbjahresplan, wer Polly wann nehmen konnte. Es war somit für alle Beteiligten eine Win-Win-Situation.

Aber was tun, wenn der Hund schon da ist und sich die Lebensumstände ändern?

Die familiäre Situation von Claudia K. war ideal für einen Hund. Sie war Hausfrau, sie wohnte in einem Haus mit Garten, die Kinder gingen längst zur Schule und ihr Mann war ziemlich sportlich und nahm den Hund mit zum Joggen und Radfahren. Doch dann ging die Ehe in die Brüche, sie zog mit den Kindern in eine Etagenwohnung, brauchte einen Job und die Kinder hatten mit zunehmendem Alter andere Interessen und durch Studium und Lehre auch nicht mehr so viel Zeit für einen Hund.

Die Anschaffung eines Hundes will also grundsätzlich gut überlegt sein und die Möglichkeit, ihn auch tagsüber bei sich zu haben und zur Arbeit mitzunehmen, ist für viele sicherlich das Nonplusultra.

Nun kann man nicht alle Veränderungen im Leben vorhersehen und es ist schier unmöglich, für alle Eventualitäten einen sicheren Plan B zu haben. Aber

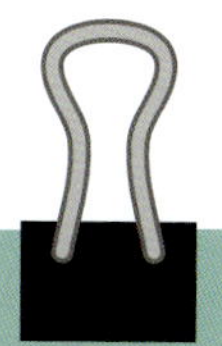

Trainer-Tipp: Welche Rasse?

Sie möchten einen Hund haben, den Sie bedenkenlos mit zur Arbeit nehmen können? Dann stellt sich als erstes die Frage nach der Rasse. Gibt es geeignete und ungeeignete Rassen? Auf diese Frage sage ich spontan „Nein"! Jede Rasse oder jeder Mischling bringt Vor-und Nachteile mit sich und man sollte gut überlegen, welche Nachteile man in Kauf nehmen kann, um die Vorteile nutzen zu können. Jeder Hund wird seine Aufgabe am Arbeitsplatz finden, wenn auch das Training je nach Rasse andere Schwerpunkte haben kann.

So ist ein Jack Russel bellfreudiger als ein Labrador und ein Lagotto Romagnolo bewegungsfreudiger als ein Neufundländer. Ein Australian Shepherd ist etwas territorialer als ein Malteser und ein Border Collie braucht in der Freizeit mehr Beschäftigung als ein Pudel, um am Arbeitsplatz Ruhe halten zu können. Wie Sie sehen, bringt jede Rasse ihre Eigenheiten mit und Sie sollten sich gut über Ihre Rasse oder die in Ihrem Mischling vertretenen

Rassen informieren. Am besten machen Sie sich diese Gedanken, bevor der Hund bei Ihnen einzieht.

Soll ein Welpe bei Ihnen einziehen oder möchten Sie Ihren erwachsenen Hund mit zur Arbeit nehmen, sollten Sie sich genaue Gedanken darüber machen, was der Hund am Arbeitsplatz vorfindet. Bei einem Welpen hat man die Möglichkeit, die Sozialisationszeit bis zur 16. Lebenswoche zu nutzen, um dem Hund alles Erdenkliche zu zeigen. Was ist wichtig in Bezug auf die Mitnahme des Hundes ins Büro, die soziale Einrichtung, in den Friseursalon oder das Bekleidungsgeschäft? Hunde sind sehr flexibel, aber sie sind auch manchmal etwas eingeschränkt in ihrem Verhalten, wenn sie neue Dinge kennenlernen. Deshalb ist es wichtig, schon mit dem jungen Welpen all das zu erkunden, was er später kennen muss: Menschen aller Art, verschiedene Umgebungen, Geräusche, Tiere oder Untergründe. Auf S. 15 lesen Sie mehr dazu.

manchmal ist es hilfreich, sich zumindest Gedanken über Alternativen zu machen.

Man kann zum Beispiel grundsätzlich einmal beim Vorgesetzten nachfragen, ob es möglich wäre, einen Hund mit zur Arbeit zu bringen. Vielleicht ist es ja zumindest gelegentlich machbar. Es kann auch sein, dass es schon einen Hund im Unternehmen gibt und man die Kollegen um Ratschläge bitten kann.

Aber es bedarf nicht nur der Zustimmung des Chefs und der Kollegen, es bedeutet auch Um-

*Jede Rasse bringt ihre Vor- und Nachteile mit sich – **die** Bürohunderasse gibt es nicht.*

denken und eventuelle Änderungen der eigenen Arbeitsweise und des eigenen Tagesablaufs.

Neben dem Faktor, ob Sie grundsätzlich ein sehr strukturierter Mensch sind und ebenso arbeiten, spielen auch das Alter und die Rasse des Hundes eine Rolle.

Manche kleinen oder älteren Hunde brauchen vielleicht nicht so viel Bewegung wie ein Jagdhund oder Jungspund. Ein alter Hund dagegen muss möglicherweise öfter am Tag raus, dafür genügt ihm dann aber eine kleine Runde. Sie müssen sich also überlegen, wieviel zusätzliche Zeit Sie aufbringen möchten und wie Sie diese einteilen können, um sowohl Ihren Bedürfnissen als auch denen Ihres Hundes gerecht zu werden.

Fragen, die Sie im Vorfeld klären sollten:

- Sind Ihr Chef und die Kollegen einverstanden, wenn Sie den Hund mit zur Arbeit bringen?
- Haben Sie Kollegen, die Angst vor Hunden oder Allergien haben?
- Können Sie Ihren Tag so einteilen, dass weder Sie noch Ihr Hund in Stress geraten?
- Gibt es jemanden, der den Hund gegebenenfalls betreuen kann, zum Beispiel, wenn Sie auf Geschäftsreise sind?
- Können Sie vor Arbeitsbeginn mit dem Hund Gassi gehen?

- Ist Ihre Mittagspause lang genug und die Umgebung geeignet, um mit dem Hund einen ausgiebigen Spaziergang zu machen?
- Falls Sie mittags nur eine kleine Runde drehen, können Sie ihm morgens und abends genügend Auslauf bieten?
- Können Sie spontan freinehmen, wenn der Hund plötzlich zum Tierarzt muss?
- Ist der Zugang zum Büro hundegerecht oder kann hundegerecht gestaltet werden?
- Kann/soll/darf Ihr Hund Treppen gehen? (junger Hund/alter Hund)
- Wie oft muss Ihr Hund raus? Ist das mit Ihrer Arbeit vereinbar?
- Haben Sie Kundenkontakt (z. B. im Ladengeschäft, Hotel, o. ä.) und ist Ihr Hund Fremden gegenüber entspannt und freundlich? Oder gibt es eine Möglichkeit, ihn zu separieren?
- Können Sie ihm einen ruhigen Platz einrichten?
- Ist Ihr Hund gut erzogen, sodass es keine Belästigung durch Bellen oder Verunreinigungen gibt?
- Bleibt Ihr Hund auch auf seinem Platz, wenn Sie öfter aufstehen und sogar den Raum verlassen? (s. S. 59)
- Falls er noch nicht so weit ist, können Sie sich die Zeit nehmen, Ihren Hund im Vorfeld fit für den Arbeitsalltag zu machen?
- Gibt es in Ihrer Firma mehrere Hunde, die sich häufiger begegnen müssen?
- Ist Ihr Hund verträglich mit anderen?

Je besser Sie und Ihr Hund auf den Arbeitsalltag vorbereitet sind und je genauer Sie die Erwartungen und Anforderungen Ihres Umfeldes kennen, umso weniger unliebsame Überraschungen wird es geben und umso entspannter können Sie die Arbeitszeit mit Ihrem vierbeinigen Freund genießen.

Trainer-Tipp: Wie wird der Arbeitsplatz aussehen?

Überlegen Sie sich, was an Ihrem Arbeitsplatz zu finden ist, das dem Hund Schwierigkeiten bereiten könnte: Ein Fahrstuhl – vielleicht sogar aus Glas? Eine offene Treppe oder gar eine Raumspartreppe? Sehr glatte Böden, die vielleicht auch noch spiegeln? Enge Büros, in denen nicht so viel Platz ist für einen Hund? Laute oder ungewohnte Geräusche? Viel Publikumsverkehr? Menschen, die sich ungewohnt bewegen und andere Geräusche von sich geben als die Menschen, die bei Ihnen im Haushalt leben? All das muss der Hund kennenlernen und daran gewöhnt werden. Lernt er es von Welpe an kennen, ist es sehr viel leichter, als wenn ein erwachsener Hund solch ungewohnte Situationen meistern muss, die er zuvor noch nie erlebt hat. Manche Dinge wie eine offene Treppe oder einen Fahrstuhl sollte man auch immer weiter mit dem Hund benutzen, damit er daran gewöhnt bleibt. Generell gilt: Je mehr Situationen der Hund im Alltag bewältigt, ohne davor Angst zu haben, umso besser kann er sich auch auf neue Situationen einlassen.

Haben Sie das Glück, Ihren Hund schon als Welpe auf das „Berufsleben" vorbereiten zu können, dann üben Sie ausgiebig Dinge, die Sie im Arbeitsalltag antreffen können, wie zum Beispiel das Aufzugfahren. Die Erfahrung muss immer positiv sein.

Auch Gitterroste und glatte Treppen sind typische Herausforderungen im Arbeitsplatzumfeld, die bewältigt werden wollen.

Wie wird der künftige „Arbeitsplatz" des Hundes aussehen? Wenn er zum Beispiel in ein Ladengeschäft mit viel Publikumsverkehr mitkommen soll, ist es wichtig, dass er frühzeitig an viele kommende und gehende Menschen gewöhnt wird.

Rahmenbedingungen

Wenn Sie den Hund an Ihren Arbeitsplatz mitnehmen wollen, dann sollten Sie sich die äußeren Umstände genau anschauen. Wie ist Ihr Büro eingeteilt? Gibt es da genügend Platz für einen Hund? Hat er eine Möglichkeit, sich aus dem Geschehen zurückzuziehen? Sind die Türen immer offen oder sind Sie alleine im Büro mit stets geschlossener Tür? Gibt es viel Publikumsverkehr und der Hund kommt dadurch kaum zur Ruhe? Hat der Hund in einer sozialen Einrichtung oder einem Bekleidungsgeschäft die Möglichkeit, sich zurückzuziehen, wenn es ihm zu viel wird? Gibt es noch mehr Hunde im Büro, mit denen Ihr Hund sich das Zimmer teilen muss? Wie sind diese im Umgang mit anderen Hunden? Gibt es eine nah gelegene Stelle, an der der Hund sich lösen kann? Das alles sollten Sie abklären, damit Sie gut vorbereitet an die Arbeit mit dem Hund gehen können.

Abstimmung mit dem Arbeitgeber und den Kollegen

Sabine T. saß mit drei anderen Kollegen in einem Büro. Eines Tages wurde ihre Schwester beruflich nach Wien versetzt. Diese hatte einen Hund, den sie aber dorthin nicht mitnehmen konnte. Dadurch ergab sich die Frage, ob Sabine den Hund nehmen würde. Da sie ganztägig berufstätig war, wollte sie ihn natürlich nicht den ganzen Tag allein lassen. Deshalb wollte sie mit ihrem Arbeitgeber erst abklären, ob sie Emmi mit ins Büro nehmen dürfte.

Ihr Chef war grundsätzlich einverstanden, denn er liebte Hunde, wollte das aber nicht allein entscheiden, sondern die Kollegen mit einbeziehen. Schließlich mussten sie ja auch mit dem Hund ihren Arbeitsalltag teilen. Um nun nicht endlose Diskussionen zu entfachen, sondern schnell zu einem tragfähigen Ergebnis zu kommen, kam ihm die Idee, die Entscheidung mittels Konsensieren zu treffen.

Er hatte in seinem Betrieb mit dieser Methode schon gute Erfahrungen gemacht und einige Entscheidungen zum Wohle aller getroffen. Auch wenn die endgültige Entscheidung bei ihm lag, würde er so doch ein Stimmungsbild erhalten, das es ihm erleichtern könnte, eine abschließende Entscheidung zu treffen. Schließlich ging es nicht um ein *Ja* oder *Nein*, sondern um eine Lösung, die alle Kollegen mittragen konnten.

Also rief er alle Mitarbeiter zusammen und erklärte kurz die Methode des systemischen Konsensierens und die Arbeit mit den Widerstandswerten.

Systemisches Konsensieren ist die Kunst, solidarisch zu entscheiden. Im Gegensatz zu den gängigen Mehrheitsabstimmungen wird beim SK-Prinzip aber nicht mit der Stimmenmehrheit – also der Zustimmung – sondern mit Widerstandswerten auf einer Skala von 0 – 10 gearbeitet. Damit wird das tatsächliche Konfliktpotenzial gemessen. Das SK-Prinzip fördert die Kreativität bei der Lösungsfindung und führt somit zu effizienteren und nachhaltigeren Entscheidungsprozessen.

Ablauf des Konsensierungsprozesses:

1. Beschreibung der Ausgangslage (Situation der Kollegin)
2. Übergeordnete Fragestellung: Welche Maßnahmen müssen getroffen werden, damit alle Beteiligten mit der Situation „Hund im Büro" leben können?
3. Informations-Runde (welche Fakten und Meinungen lagen vor)
4. Individuelle Sichtweisen (welche Bedenken oder Erfahrungen hatten die einzelnen Mitarbeiter)
5. Lösungssuche/Vorschläge
6. Pros und Kontras
7. Vorläufige Bewertung der Vorschläge
8. Erkunden der Restwiderstände
9. Anpassen der Vorschläge
10. Endgültige Bewertung der Vorschläge
11. Endgültige Entscheidung

Nun konnte das Prozedere beginnen.

1. Als erstes wurde die Situation der Kollegin geschildert.
2. Dann wurde die übergeordnete Fragestellung definiert: Welche Maßnahmen müssen getroffen werden, damit alle Beteiligten mit der Situation „Hund im Büro" leben können?
3. Nun ging es an die Darlegung der Fakten.
   - Würde es Mehrarbeit für die Kollegen bedeuten?
   - Müssten sich die Arbeitszeiten der Kollegin ändern?
   - Ist der Hund gut erzogen?
   - Wie müsste der Umgang mit fremden Menschen im Büro geregelt werden?
   - Welche rechtlichen Aspekte müssten berücksichtigt werden
   - usw.
4. Bei der Diskussion der individuellen Sichtweisen aller Mitarbeiter tauchten Erfahrungen und Argumente auf wie:
   - Ein Mitarbeiter kannte die Situation in der Firma seiner Frau, wo einige Hunde am Arbeitspatz waren und es wunderbar funktionierte.

- Das Betriebsklima könnte sich durch den Hund weiter verbessern
- Die Situation könnte aber auch zu Mehrarbeit bei den Kollegen führen, wenn Frau T. zu sehr abgelenkt würde
- Der Hund könnte für die Einhaltung von Pausen sorgen und damit für einen gesünderen Lebensstil
- Ein Kollege, der den Hund kannte, versicherte, dass er sehr lieb und brav sei
- Was wäre, wenn andere Mitarbeiter aufgrund des Zugeständnisses an Frau T. auch ihre Hunde mitbringen wollten?
- Der Hund könnte andere Mitarbeiter zu sehr von ihren Aufgaben ablenken.

5. Nun ging es an das Sammeln der Lösungsvorschläge. Ziel war eindeutig, dass alle eine gemeinsame Lösung für das Problem finden und die Kollegin unterstützen wollten.
   Folgende Vorschläge wurden gemacht:
   a. Der Hund darf mitkommen, wenn er nur bei Frau T. im Büro bleibt.
   b. Damit sich keine einseitigen Zeit- und Arbeitsdefizite ergeben, kümmern sich alle Mitarbeiter wechselseitig um den Hund, z. B. Gassi gehen.
   c. Frau T. muss sicherstellen, dass ihre Arbeit nicht unter der Betreuung des Hundes leidet, z. B. weil Kollegen einen Teil ihrer Arbeit miterledigen müssen.
   d. Der Hund dürfte sich grundsätzlich im Büro frei bewegen, wenn er wirklich so gut erzogen und folgsam ist, wie seine Halterin behauptet.
   e. Der Hund sollte nur in bestimmten Bereichen frei laufen dürfen und sonst grundsätzlich angeleint sein.
   f. Es wird eine Probezeit von vier Wochen vereinbart. In dieser Zeit soll sich zeigen, ob es Probleme mit dem Hund gibt. Gegebenenfalls wird danach neu konsensiert.

Die anschließende Pro-und-Kontra-Runde ergab keine weiteren Überlegungen und Bedenken, sodass die Abstimmung vorgenommen werden konnte.

Diese erfolgte auf einer Skala von
0 = ich habe keinerlei Widerstand gegen diesen Vorschlag bis zu
10 = dieser Vorschlag ist für mich unannehmbar
Die dazwischen liegenden Werte werden je nach Einschätzung und „Bauchgefühl" vergeben. Jeder Wert kann bei der Abstimmung mehrmals vergeben werden.

Damit das Ergebnis detailliert nachvollziehbar ist, wurden alle genannten Werte der Teilnehmer in einer Liste erfasst.

Vorschlag	*TN 1*	*TN 2*	*TN 3*	*TN 4*	*TN 5*	*WIST (Widerstandsstimmen)*	*Rang*
a	5	7	2	9	8	31	
b	10	9	8	5	8	40	
c	9	7	6	10	9	41	
d	6	6	5	7	4	28	
e	5	4	3	6	5	23	
f	1	0	2	1	0	4	**1**

Der Vorschlag „f" wurde mit den wenigstens Widerstandsstimmen von allen Mitarbeitern akzeptiert.

Damit war bereits eine endgültige Entscheidung getroffen und es erübrigten sich die Punkte von 8 – 11, da es keine Restwiderstände gab. Bei dieser Methode werden alle Beteiligten einbezogen, können ihre Meinung äußern und kommen in kürzester Zeit zu einem tragfähigen Ergebnis.

Da die meisten von uns keine absoluten Einzelkämpfer, sondern immer wieder darauf angewiesen sind, sich mit anderen abzustimmen, bietet sich die Methode des systemischen Konsensierens für ein konfliktfreies Miteinander an. Sie können das SK-Prinzip natürlich auch bei allen anderen Abstimmungen einsetzen, um zügig und ohne Reibungsverlust zu einer nachhaltigen Entscheidung zu kommen.

Es gibt dabei keine „Gewinner“ und „Verlierer“, sondern alle Beteiligten kommen zu einer solidarischen Entscheidung. „Eine Gesellschaft, die auf egoistischen Motiven fußt, kann vielleicht Reichtum kreieren, aber nicht Einigkeit und Vertrauen,“ sagt Frans de Waal, Verhaltensforscher und Buchautor von *Das Empathie-Prinzip*.

Einfacher ist der Hund am Arbeitsplatz, wenn Sie selbständig sind. Dann können Sie in der Regel selbst bestimmen, ob Sie einen Hund haben möchten oder nicht. Allerdings kommt es auch hier auf die Umstände an. Wenn Sie beispielsweise häufiger Kundenbesuch haben oder manchmal länger auf Dienstreise gehen müssen, sollten Sie sicherstellen, dass Ihr Hund Fremden gegenüber freundlich ist oder einfach auf seinem Platz bleibt und während Ihrer Abwesenheit auch gut untergebracht ist.

***Fazit:** Klären Sie mit Ihrem Arbeitgeber, dass auch alle betroffenen Kollegen mit dem vierbeinigen Zuwachs im Unternehmen einverstanden sind. Beachten Sie Ihre privaten und beruflichen Umstände und überlegen Sie, ob ein Hund in Ihr Leben passt und Sie genügend Zeit für ihn haben werden.*

Das Prinzip des systemischen Konsensierens eignet sich bestens, um mit Kollegen und Vorgesetzten zügig und konfliktfrei zu der Entscheidung zu kommen, ob der Hund mit zur Arbeit kommen darf.

Überprüfen der Arbeitssituation – kann Ihr Hund überhaupt dabei sein?

Meine Freundin Karin fand eine Anstellung in einem mittelständischen Unternehmen als Kantinenleiterin. Hier war es absolut nicht gestattet, einen Hund mitzunehmen. Allerdings ergab sich die Möglichkeit, ihn bei der Empfangsdame zu lassen. Diese liebte Hunde und es beruhte auch auf Gegenseitigkeit. Rocky fühlte sich bei ihr unter dem Tresen sehr wohl und kaum jemand bemerkte, dass ein Hund da war.

Im Hotel

Dass in Hotels, die sich auf Hunde und ihre Halter spezialisiert haben, meist auch Vierbeiner zum „Personal" gehören, ist ja keine Seltenheit. Aber in Business-Hotels ist es nicht unbedingt Usus, dass man bereits am Empfang einem Hund begegnet. Deshalb bin ich jedes Mal begeistert, wenn ich hinter dem Tresen in dem Hotel in Bamberg, in dem ich öfter übernachte, den schönen Weimaraner sehe, der gelassen hinter dem Tresen liegt und die meisten Gäste keines Blickes würdigt. Ganz anders dagegen der quirlige Havaneser in einem anderen Hotel, der sich vor Freude kaum halten kann, wenn ihn ein Gast fröhlich begrüßt.

Zur Belohnung nehmen ihn einige Gäste manchmal mit auf die eine oder andere Gassirunde.

Wenn der Hund sich im Empfangsbereich eines Hotels aufhalten soll, ist es wichtig, dass er die Gäste nicht belästigt.

Im Restaurant

In meinem Lieblingslokal – warum wohl? – begrüßt ein Labrador freundlich die Gäste. Die Menschen bekommen ein fröhliches Schwanzwedeln, aber für Hundekumpels oder unsere Labradordame Kuba steht er sogar auf, denn er hat seinen Platz gleich hinter der Eingangstür. Natürlich versteht es sich aus hygienerechtlichen Gründen von selbst, dass er nicht in die Küche darf. Und das ist für einen verfressenen Labi eine wahrhaft bemerkenswerte Erziehungsleistung.

In der Arztpraxis

Bereits Sigmund Freud, der Begründer der Psychotherapie, hielt in seiner Praxis einen Hund. Er stellte fest, dass dessen Anwesenheit die Not seiner Patienten linderte *(2006 Quelle: DIE ZEIT 23.02.2006 Nr. 9 Sabine Etzold).* Meine Tierärztin hat ihre zwei Hunde auch ab und zu mit in der Praxis dabei – allerdings in einem Nebenraum oder im Garten. Im Gegensatz dazu erwartete ich bei meiner Hausärztin nicht, im Eingangsbereich fast über einen entspannt daliegenden Galgo zu stolpern. Erst, als er die Leckerlis in meiner Manteltasche roch, stand er vorsichtig auf und begrüßte mich sehr zurückhaltend. Ich muss zugeben, ich fand das ziemlich mutig von meiner Ärztin, denn es könnte ja sein, dass jemand Angst vor Hunden oder eine Allergie gegen Hunde hat. Andererseits war ich begeistert. Nicht nur von dem eleganten, sanften Hund, sondern auch von dem Mut, zu ihrer Überzeugung zu stehen.

In einem anderen Fall hing an der Eingangstür zur Praxis ein Bild des gesamten Teams mit Praxishund „Doc“. Ich war überrascht, dass Hunde in einer Praxis also wohl doch nicht so selten sind.

In der Werkstatt

In meiner Autowerkstatt begrüßt der kleine Terrier jeden Ankömmling freudestrahlend mit seinem Spielzeughasen und ist der Liebling aller Kunden. Wenn der Meister allerdings in die Werkstatt geht, ist für Tobi Pause angesagt und er verkrümelt sich klaglos wieder unter den Schreibtisch.

Auch eine Werkstatt kann ein „Arbeitsplatz“ für einen Hund sein, ruhiger Rückzugsort vorausgesetzt.

Im Friseurladen

Meinen Friseur suchte ich mir – ich muss es gestehen – aus, weil beim ersten Besuch ein süßer Pudel in der geöffneten Tür zum Laden döste. Im Winter hat er seinen Platz neben dem Tresen, von dem aus er alles im Blick hat. Er kümmert sich nicht im Geringsten um die ein- und ausgehenden Kunden, sondern beobachtet gelassen das Kommen und Gehen.

Im Lebensmittelladen

Als ich noch zur Schule ging, holten meine Freunde und ich uns öfter im nahen Lebensmittelladen einen Schokoriegel oder eine belegte Semmel. Im Sommer begrüßte uns immer freudig ein hellbrauner Cockerspaniel, der in einem Körbchen vor dem Laden lag. Eines Tages fragte ich die Besitzer des Ladens, ob ich mit Dina einmal spazieren gehen könnte. Sie hatten nichts dagegen und fortan wurde es zu unserem festen Ritual, nach der Schule eine Runde in den nahegelegenen Park zu machen. Im Winter wartete Dina schon sehnsüchtig im Zimmer hinter dem Laden, bis ich kam. So lange sie nicht im Laden war und alle Hygienevorschriften eingehalten wurden, war gegen die Hundehaltung auch hier nichts einzuwenden.

In der Schule

Die Tochter einer Freundin ist Lehrerin, und als sie von der Möglichkeit hörte, einen Hund auch mit in die Schule nehmen zu können, klärte sie mit ihrem Vorgesetzten diese Möglichkeit ab. Er stand dem Plan sehr aufgeschlossen gegenüber. Daraufhin absolvierte sie mit ihrem Hund Sem eine Ausbildung zum Schulhund und nimmt ihn seitdem drei Mal pro Woche mit. Für die Kinder ist es zum Teil eine völlig neue Erfahrung und nach ihrer Aussage hat sich das Miteinander der Kinder sehr zum Positiven entwickelt. Sie haben nicht nur viel über den Umgang mit Hunden im Besonderen und dem Tierschutz im Allgemeinen gelernt, sondern sind auch bereit, Verantwortung zu übernehmen und verhalten sich untereinander weniger rüpelhaft. Dazu sei allerdings gesagt, dass sich nicht jeder Hund zum Schulhund eignet!

Für einen „Schulhund" braucht es mehr, als ihn einfach nur mit zur Arbeit zu nehmen: Hier ist eine qualifizierte Ausbildung von Mensch und Hund gefordert.

Er muss nicht nur sehr freundlich, sondern auch stressresistent sein – Voraussetzungen, die in einer qualifizierten Schulhund-Ausbildung vorab überprüft werden. Im Buch *Hundeschule für Schulhunde* von Beate Lambrecht erfahren Sie mehr darüber.

Im Kindergarten

Ein ähnliches Projekt gibt es auch für Kindergärten. Die Kleinen lernen nicht nur den artgerechten Umgang mit einem Lebewesen, sondern er ist Tröster, Spielkamerad und Zuhörer. Natürlich gilt es immer, neben einer guten Ausbildung das Tierwohl im Auge zu behalten und zu erkennen, wann ein Hund möglicherweise überfordert ist. Das Buch *Hunde in Kita und Vorschule* von Christine Grünig und Anne Kahlisch bietet hier gute Hilfestellung.

Im Altenheim

Als mein Stiefvater wegen fortschreitender Demenz in ein Altenheim musste, war die Situation für ihn sehr belastend – bis er herausfand, dass die Heimleiterin mehrmals in der Woche ihren Dackel mitbrachte. Da er viele Jahre zuvor ebenfalls einen solchen Hund hatte, weckte das die Erinnerung an die schöne Zeit mit ihm und er nahm wieder mehr Anteil am Leben. Allerdings muss man hier einen deutlichen Unterschied machen: Es gibt einerseits die sogenannten Begleit- oder Besuchshunde in Schulen, Kindergärten und anderen Einrichtungen wie Alten- und Pflegeheimen, die eine fundierte Ausbildung benötigen und einen Eignungstest absolvieren müssen. Andererseits gibt es Hunde, die einfach nur ihre Halter zur Arbeit begleiten, in der Regel aber keinen Kontakt zu den Kindern in Schulen oder Bewohnern im Seniorenheim haben.

Im Büro

Hier ist es meist am einfachsten, einen Hund zu integrieren. Gut erzogene, verträgliche Hunde (Verantwortung dafür tragt immer der Hundehalter) fügen sich in der Regel problemlos in den Arbeitsalltag ein und sorgen nicht nur für ein entspanntes Betriebsklima, sondern auch für mehr Gesundheit, Bewegung und Zusammenhalt zwischen den Kollegen. Sogar bei meinem Lieblingssender hat ein Hund Einzug gehalten. Mala ist der Redaktionshund und darf von Zeit zu Zeit auch ihre Kommentare zu den Beiträgen ihres Besitzers abgeben. In einer anderen Redaktion sind gleich neun Hunde, die den Arbeitsalltag bereichern. Sie haben allesamt ihren Platz bei ihren Haltern und sind ausnahmslos gut sozialisiert.

Als Selbständiger

Als Selbständiger haben Sie ohnehin keine Einschränkungen, jedenfalls nicht, wenn Sie überwiegend von zu Hause aus arbeiten und nicht tagelang unterwegs sind. Sie können selbst entscheiden, ob Sie einen Hund haben möchten oder nicht. Ein Trainerkollege nahm immer seine Golden Retriever Hündin Happy mit zu den Seminaren. Sie war schon eine etwas ältere Dame und lag meist zufrieden auf ihrer Decke im Seminarraum. In den Pausen staubte sie das eine oder andere Leckerli ab und ließ sich bereitwillig streicheln. Sie trug immer zu einer ausgesprochen harmonischen Stimmung unter den Teilnehmern bei.

Die Konstellationen, Hunde mit an den Arbeitsplatz zu nehmen, sind also vielfältig und es lohnt sich immer, beim Chef und im Unternehmen nachzufragen, welche Möglichkeiten es dort gibt. Mittlerweile findet man immer mehr Stellenangebote von Firmen, die die Mitnahme des Haustieres als sogenannten Benefit, also einen extra Bonus, anbieten.

Risiko bei einem Arbeitsstellenwechsel oder Umzug

Nicht immer bleiben die äußeren Umstände konstant. Das betrifft sowohl die private als auch die berufliche Situation. Ein Hund, der heute noch perfekt zu Ihren Lebensumständen passt, kann zu einem Problem werden, wenn diese sich ändern.

Was ist, wenn Sie den Arbeitgeber wechseln wollen oder müssen? Sicher werden Sie einen neuen Job suchen, bei dem Sie Ihren Vierbeiner wieder mitnehmen können, aber das ist nicht immer so einfach, obwohl es immer mehr Firmen gibt, die das Mitnehmen von Hunden gestatten. Unter *„job-mit-Hund.com"* gibt es Stellenanzeigen von Firmen, die Hunde erlauben (momentan – Juli 2018 – z. B. 332 Angebote). Aber einen Rechtsanspruch darauf gibt es nicht.

Für unser Team in Hamburg, das aus 5 Menschen und 3 Hunden besteht, suchen wir Verstärkung.

Aufstiegschancen, Barrierefreiheit, Betr. Altersvorsorge, Betriebsarzt, Coaching, Duldung von Hunden, Essenszulage, Firmenwagen, Gleitzeit, gute Anbindung, Home Office …

WAS WIR BIETEN:

gelebtes Teamwork und flache Hierarchien

Hunde in der Agentur

einen hochmodern ausgestatteten Arbeitsplatz

UNSERE BENEFITS

Unser Unternehmen, das flache Hierarchien und ein tolles Betriebsklima bietet, unterstreicht besonders das Thema Work-Life-Balance: Flexible Arbeitszeiten sowie zahlreiche weitere Benefits wie Sport, Mitarbeiter-Events und verschiedene Sozialleistungen gehören dazu.

Wenn Sie flexibel und auch bereit sind, an einen anderen Ort zu ziehen, ist die Chance auf Ihren Wunscharbeitsplatz natürlich höher als dann, wenn Sie ortsgebunden sind.

Hürden kann es aber auch bei einem notwendigen privaten Umzug geben. Was in der einen Mietwohnung erlaubt ist, muss in einer neuen Wohnung nicht zwangsläufig auch so sein. Vor allem in Ballungsgebieten kann sich die Wohnungssuche mit Hund als echte Herausforderung gestalten. Die Rechtsprechung erlaubt mittlerweile grundsätzlich das Halten von Hunden in der Wohnung. Allerdings kann der Vermieter es mit einer entsprechenden Begründung auch verbieten.

Wenn Sie nur für eine Übergangszeit eine Betreuung für Ihren Hund brauchen, zum Beispiel wegen einer Dienstreise, eines Aufenthaltes im Krankenhaus oder einer Kur, können gegebenenfalls auch mal Nachbarn, Freunde oder Familienangehörige einspringen und den Hund nehmen. Wenn das nicht geht, bleibt wahrscheinlich nur eine Hundepension oder eine private Hundebetreuung. Adressen dafür finden Sie im Internet oder in den sozialen Netzwerken. Allerdings sollten Sie sich die Angebote im Vorhinein kritisch und genau anschauen, ob sie auch Ihren Ansprüchen und denen Ihres Hundes entsprechen. Sonst werden Sie in der Zeit immer ein schlechtes Gewissen haben und eine eventuell erforderliche Entspannung oder Genesung wird sich kaum einstellen.

Vorteile für den Arbeitgeber

Hunde als Sympathiefaktor

Immer mehr Unternehmen erkennen den Nutzen von Tieren am Arbeitsplatz und deren positive Wirkung:

- Verbesserung des Arbeitsklimas
- Erhöhte Leistungsbereitschaft
- Förderung der Gesundheit

und letztendlich mehr Produktivität und Unternehmenserfolg durch:

- Senkung des Herzinfarkt- und Schlaganfall-Risikos
- weniger Burnout-Gefahr
- Senkung der Risiken für sonstige psychische Erkrankungen
- weniger Fehltage
- Einsparung von Krankenkosten für den Arbeitgeber

Die stressreduzierenden und gesundheitsfördernden Wirkungen von Hunden auf Menschen wurden bereits in mehreren Studien nachgewiesen, z. B. von Friedmann/Thomas (1995), Bergler (1997), Grabka/Headey (2003) oder Beetz/Julius/Kotrschal/Turner (2010). Inwieweit das auch am Arbeitsplatz der Fall ist, hat der Wirtschaftsprofessor Randolph T. Barker von der Virginia Commonwealth University, USA, in einer weiterführenden Studie untersucht. Dafür wurde ein Unternehmen mit 550 Mitarbeitern und 20 – 30 Hunden ausgewählt. Seit 15 Jahren gehören die Vierbeiner zur Firmentradition. Für die Untersuchung teilten die Forscher drei Gruppen ein. Gruppe eins waren Hundebesitzer, die ihre Hunde mit zur Arbeit brachten, Gruppe zwei waren Hundehalter, die aber ihre Vierbeiner zu Hause ließen und Gruppe drei waren Mitarbeiter ohne Hund. Um den Stresslevel der Probanden zu ermitteln, wurde während einer Woche vier Mal pro Tag der Spiegel des Stresshormons Cortisol gemessen. Die Ergebnisse analysierte man mittels einer Skala von 0 bis 100 Prozent. Das Resultat der Studie an sich war keine große Überraschung, doch es war unglaublich, wie überaus deutlich sie ausfiel: Die Gruppen ohne Hunde lagen bei einem Stresslevel von 70 Prozent, während die Gruppe, die ihre Hunde mitbrachte, niedrige 11 Prozent aufwies (Barker, Randolph T. et al. (2012), „Preliminary investigation of employee's dog presence on stress and organizational perceptions", in: International Journal of Workplace Health management, Vol. 5, Issue 1. S. 15 – 30).

Auch in der Außenkommunikation eines Unternehmens können Hunde hilfreich sein, denn sie sind eindeutig Sympathieträger und können zum Beispiel durch ihre Präsenz im Netz den positiven Eindruck eines Unternehmens bei Kunden und Geschäftspartnern verstärken. Nicht von ungefähr erreichen Filme und Fotos von putzigen Hausgenossen tausende Clicks im Internet.

Gut fürs Image

Gerade in der heutigen Zeit des Arbeitskräftemangels und dem Kampf um passende und qualifizierte Mitarbeiter punkten viele Firmen mit dem Benefit, Tiere mit an den Arbeitsplatz zu bringen. So wie einige Unternehmen ihren Lehrlingen Autos zur Verfügung stellen oder Betriebskindergärten einrichten, können sich Firmen auch mit der Erlaubnis von Tieren am Arbeitsplatz positiv von der Konkurrenz abheben. Den Hund mit zur Arbeit nehmen zu können, ist erfahrungsgemäß einer der wichtigsten Punkte der Hundehalter für eine langjährige Bindung an das Unternehmen und hohe Loyalität. Dies garantiert ihre Arbeitszufriedenheit unabhängig von monetären Leistungen. Wenn Mitarbeiter ihren Vierbeiner mitnehmen dürfen, sind sie auch bereit, Überstunden zu leisen, da sie keinen Zeitdruck haben, zeitig nach Hause zu kommen, um den Hund zu füttern oder auszuführen. Wobei es sich meist tatsächlich um Hunde handelt: Katzen, Kaninchen, Meerschweinchen und Co. sind ausgesprochene Exoten an deutschen Arbeitsplätzen und höchstens mal während einer Notsituation anzutreffen.

Für Kleintiere ist der Aufenthalt am Arbeitsplatz in der Regel auch nicht sehr zuträglich, da sie durch den täglichen Transport zum Arbeitsplatz bereits erheblichem Stress ausgesetzt wären. Außerdem können sie nicht so ohne weiteres gestreichelt werden geschweige denn frei umherlaufen. Und Katzen als sehr selbstbestimmte Wesen wollen ihre Ruhe haben und sich ihren Aufenthaltsort selbst aussuchen.

Überwiegend werden es also Hunde sein, die ihre Besitzer an den Arbeitsplatz begleiten dürfen. Der Hund als soziales Wesen hat nun mal einen besonderen Status im Zusammenleben mit uns Menschen. Zudem ist er flexibel und kann sich schnell auf neue Umgebungen einstellen. Hauptsache, er ist dabei!

Wenn man noch weiterdenkt, können sich Unternehmen sogar mit einer guten Tat rühmen, weil sich vielleicht mehr Menschen einen Hund aus dem Tierheim holen würden, wenn sie ihn mit an den Arbeitsplatz nehmen dürften. Natürlich sollte einer derartigen Entscheidung eine sorgfältige Prüfung vorausgehen, ob sich der Hund aus dem Tierschutz für die Mitnahme eignet. Die Tierheime können ihre Hunde meist

gut einschätzen und kennen oft auch Hintergrunderfahrungen ihrer Schützlinge. Je mehr ein Hund schon kennengelernt hat und je entspannter er ist, desto größer ist die Chance, ihn in einen Arbeitsalltag zu integrieren. Idealerweise kann man neben den Kennenlern-Spaziergängen mal in einen Laden gehen oder ihn tatsächlich probeweise mit ins Büro nehmen, um sein grundsätzliches Verhalten zu beobachten. Daraus kann man dann vielleicht auch ableiten, ob und welche Trainingsmaßnahmen erforderlich sind (z. B. Nähe fremder Menschen ertragen, siehe Trainertipp S. 68).

Um zu testen, ob der neue Kollege ins Unternehmen passt, können vielleicht ein oder mehrere Probetage vereinbart werden.

Der Vorteil, den Unternehmen davon haben: wo Hunde am Arbeitsplatz erlaubt sind, sinkt, so der Gesundheitsreport der Techniker Krankenkasse 2014, der Krankenstand. Damit wird bares Geld gespart. Außerdem sorgt der Hund für ein harmonisches Arbeitsklima und für mehr Bewegung. Statt die Mittagspause nur in der Kantine oder vor dem PC zu verbringen, fordert er zum Spazierengehen auf. Meist gehen sogar mehrere Kollegen mit. Das fördert das Miteinander unter den Angestellten und auch die Mitarbeiter ohne Hund profitieren davon.

Gesundheit

Die Welt ist schnelllebiger geworden und viele Menschen können mit diesem Tempo kaum oder gar nicht mithalten, da der Druck durch die Verdichtung der Arbeit steigt und weniger Zeit für Erholung bleibt. Die vermeintlich ständig notwendige Erreichbarkeit verursacht immer öfter gesundheitliche Probleme. Die Informationsflut überrollt uns, und wer nicht gezielt gegensteuert, bleibt auf der Strecke. Viele haben das Gefühl, immer noch mehr und noch schneller arbeiten zu müssen, um noch mehr Aufgaben gleichzeitig erledigen zu können. Durch diese Überbelastung steigen Unproduktivität und Fehlerquote am Arbeitsplatz. Multitasking ist absolut kontraproduktiv und fördert Stress, der nicht selten im Burnout gipfelt.

Durch einen Hund wird die seelische Gesundheit verbessert. Es kommt nicht so oft zu Depressionen und zum Burnout. Ein Hund zwingt zu Pausen und einem geregelten Tagesablauf. Er ist Seelentröster, Gesellschafter und Fitnesspartner. Eine überzeugende Studie zu den positiven gesundheitlichen Auswirkungen von Hunden am Arbeitsplatz auf die Mitarbeiter hat auch im Jahr 2016 das Banfield Pet Hospital in Portland, Ohio – nach eigener Aussage mit 3200 Tierärzten und 925 Niederlassungen die größte Tierarztpraxis der Welt – vorgelegt. Dabei wurden 1600 Arbeitnehmer und 200 Arbeitgeber (Personalchefs) von US-amerikanischen Firmen zur Wahrnehmung von Hunden am Arbeitsplatz befragt. Unter anderem sagten überwältigende 91% der Arbeitgeber aus, dass Hunde die Moral der Mitarbeiter verbesserten. 81% der Personalchefs gab zu Protokoll, dass sich die Produktivität der Mitarbeiter mit Hunden verbessert hätte. Eine Zusammenfassung der gesamten Studie (in englischer Sprache)

Der Hund zwingt in der Mittagspause zum Spaziergang – gut für sitzende Büromenschen!

kann von *www.banfield.com* heruntergeladen werden. Psychische Gesundheit setzt auch körperliche Fitness voraus. Wenn aber für ausgewogene Ernährung und Bewegung vor lauter Arbeit keine Zeit bleibt oder die Mittagspause beim E-Mail-Lesen am Computer stattfindet, ist es schwer, aus diesem Hamsterrad auszusteigen. Eine Folge davon ist, dass sich die meisten Menschen zu wenig bewegen. Das hat oft Bluthochdruck und Kreislaufbeschwerden zur Folge. Dabei ist hinlänglich bekannt, dass körperliche Bewegung gesundheitsfördernd ist und ein Spaziergang im Grünen wesentlich erholsamer, als im Büro im Internet zu surfen. Wer sich regelmäßig bewegt, senkt das Risiko von Herzinfarkt, Diabetes, Osteoporose, Krebs und Depressionen. Die Menschen sind also leistungsfähiger und gesünder. Wer einen Hund hat, weiß, dass mindestens zweimal pro Tag Gassigehen angesagt ist. Je nach Rasse und Bewegungsbedürfnis des Hundes zwischen 30 Minuten und mehr als einer Stunde.

Allerdings muss auch diese Zeit eingeplant werden, damit nicht neuer Stress entsteht. Eine halbstündige Mittagspause zwischen Hundegassi und Runterschlingen von einer Semmel aufteilen zu müssen, ist wenig gesundheitsbewusst. Die Pausenzeiten sollten also auch mit den Vorgesetzten abgestimmt und in den Arbeitsalltag stressfrei zu integrieren sein.

In der Firma eines Freundes bereichern insgesamt sechs Hunde den Arbeitsalltag. Mittags treffen sich die Hundebesitzer meist zum gemeinsamen Gassigehen und dann schließen sich oft auch Nicht-Hunde-Kollegen an. So kommen auch sie in den Genuss von gesunder Bewegung, die mit Hund einfach viel mehr Spaß macht, auch wenn es nicht der eigene ist. Manchmal ergeben sich dadurch sogar regelrechte Patenschaften für einen Hund, die dazu führen, dass er auch während der Urlaubszeit bei seinem „Ersatzhalter" gut aufgehoben ist, weil er tagsüber nicht allein bleiben muss, sondern wie gewohnt dabeisein darf.

Diesem Bewegungsumstand hat die Universität Missouri Rechnung getragen und unter der Leitung von Dr. Rebecca Johnson das Programm „Geh mit einem Hund, verlier ein Pfund“ (Walk a hound, lose a pound) ins Leben gerufen. Sie bietet in Zusammenarbeit mit Tierheimen die Möglichkeit, mit den bewegungshungrigen Hunden Gassi zu gehen. Auch hier werden zwei sinnvolle Aspekte miteinander kombiniert. Die Menschen tun nicht nur Gutes für ihre Gesundheit, sondern den Tieren ebenso. Auch hier ergab sich, dass neben dem Gewichtsverlust durch mehr Bewegung auch das allgemeine Wohlbefinden der Teilnehmer gesteigert wurde.

Der positive Einfluss eines vierbeinigen Partners ist in vielen Situationen zu spüren.

Gestern war ich mit Kuba beim Treibballtraining und ich muss gestehen, ich war ziemlich abgehetzt und nervös, da wir auf dem Weg dorthin im Stau standen und ich vorher meine Arbeiten gerade noch so erledigen konnte. Wir waren ausnahmsweise nur zwei Teams und hatten dadurch vorher etwas Zeit, die Hunde miteinander spielen zu lassen. Die Ausgelassenheit und Freude, mit der Kuba über den Platz tobte, brachte mich in kurzer Zeit in eine entspannte Stimmung. Ich freute mich mit ihr über den Spaß, den sie augenscheinlich hatte und hinterher konnten wir beide konzentriert und erfolgreich arbeiten.

Gerade wenn im Arbeitsalltag die Unzufriedenheit mit sich selbst, eine herausfordernde Situation oder eine Rüge vom Chef belasten, sind ein paar aufmunternde Worte von Kollegen, ein anerkennender Blick oder eine Pause wesentlich hilfreicher als ein gut gemeintes Gesundheitsprogramm in Form von Rückenschule, Pilates oder ähnlichen Aktivitäten, die meist erst abends zum Tragen kommen. Erwiesenermaßen trägt auch in angespannten Situationen die bloße Anwesenheit eines Vierbeiners zur Entspannung und Stimmungsaufhellung bei. Das Wedeln eines Hundes, wenn man ihm eine kurze Aufmerksamkeit schenkt, oder ein kurzes Stupsen mit der Schnauze, weil er ein Leckerli haben möchte, zaubert jedem sofort ein Lächeln ins Gesicht.

Die schwedische Wissenschaftlerin Dr. Linda Handlin befasste sich 2010 in einer Studie mit der Entstehung und Wirkung des Hormons Oxytocin. Dieses schüttet bei der Interaktion von Mensch und Hund das Belohnungshormon Dopamin aus, das für Glücksgefühle sorgt, Depressionen vermindert und Burn-out vorbeugt. Das geschieht sogar bei Kollegen, die den Hund im Vorbeilaufen nur anschauen, weil dadurch die Produktion von Oxytocin angekurbelt wird.

Wer einen Hund hat und ihn tagsüber längere Zeit allein zu Hause lassen muss, ist mit seinen Gedanken zwangsläufig häufig bei ihm. Wie geht es ihm, stellt er gerade etwas an, muss er doch mal raus?

Diese Gedanken können ganz schön von der Arbeit ablenken. Außerdem muss man pünktlich Feierabend machen, auch wenn eigentlich noch einige Arbeiten erledigt werden müssten, aber noch länger will man den Hund wirklich nicht allein lassen. Ist der Hund dagegen bei der Arbeit dabei, muss man sich keine Sorgen machen und kann sich entspannt seinen Aufgaben widmen, auch, wenn es einmal etwas länger dauert.

Der freundliche Blickkontakt zwischen Mensch und Hund setzt das Bindungs- und Anti-Stress-Hormon Oxytocin frei.

Wichtig: Es muss für alle passen!

Grundsätzlich ist ein Hund auf der Arbeitsstelle nur dann gut aufgehoben, wenn es für alle Beteiligten positiv ist – sowohl für den Hund und den Besitzer als auch für den Chef und die Kollegen. Den Hund nur deshalb mitzunehmen, weil er ansonsten allein zuhause ist, ist noch keine Begründung und kein Garant fürs Gelingen. Fragen Sie sich also immer selbstkritisch, ob Sie wirklich im Interesse Ihres Hundes handeln oder eher in Ihrem eigenen, weil Sie ihn so gern dabeihaben möchten oder weil die Kollegen (oder die Kinder im Kindergarten) Hunde so nett finden. Es gibt durchaus auch Hunde, die glücklicher sind, wenn sie gelernt haben, ein paar Stunden entspannt allein zuhause zu bleiben, anstatt ins turbulente Großraum-Büro geschleppt zu werden.

Entschleunigung

Obwohl Bewegung gesund ist, den Kreislauf in Schwung bringt und unser Gehirn fit hält, ist die Unsitte von Coffee to go und vielen anderen Dingen „to go" unserer Gesundheit nicht gerade zuträglich.

Wer ständig mit dem Kaffeebecher in der Hand und dem Handy am Ohr Multitasking betreibt und durch die Gegend hastet, sollte sich mal ein Beispiel an seinem Hund nehmen. Er würde niemals einen Kauknochen „to go" bestellen und damit hektisch durch die Gegend rennen, um unterwegs daran zu kauen. Hunde sind immer im Hier und Jetzt und widmen sich einer Sache nach der anderen. Wenn sie an ihrem Knochen nagen, sind sie voll konzentriert und die Fliege, die sonst unbedingt von der Scheibe vertrieben werden muss, wird gar nicht beachtet. Und wenn beim Spazierengehen eine hochinteressante Spur sie fesselt, wird nicht nebenbei noch Fellpflege betrieben.

Ein Hund wird immer bei sich sein und das tun, was gerade für ihn wichtig ist und nicht mehrere Dinge auf einmal angehen. Sie sorgen in dieser Beziehung für ihre innere Balance und sind achtsam mit sich selbst, was wir Menschen leider nur allzu oft ignorieren.

Hunde leben immer ganz und gar den Moment – daran könnten wir uns so manches Mal ein Beispiel nehmen.

Mal ehrlich, wie oft sind Sie unterwegs schon stehengeblieben, um einem schönen Schmetterling zuzuschauen oder das Gänseblümchen am Wegesrand zu bewundern? Unsere Schnüffelnasen machen es uns immer wieder vor, achtsam und aufmerksam zu sein und den Moment zu genießen.

Nach einer Spiel- und Spaßstunde in der Natur freut sich unser Hund über sein Futter, um anschließend ein entspanntes Nickerchen zu halten, während wir ein Telefonat führen und nebenbei unsere E-Mails lesen oder die Ablage machen und uns später wundern, warum wir uns nicht an das Dokument erinnern können, das wir tags zuvor doch in der Hand gehabt haben.

Die Unterschiede zu uns Menschen sind bereits zum Tagesbeginn sichtbar.

Während wir meist schlaftrunken aus dem Bett krabbeln und sofort ins Bad torkeln, räkelt und streckt sich ein Hund nach dem Aufstehen erstmal ausgiebig. Dabei würde es unserer Wirbelsäule und den Bandscheiben auch guttun, erst einmal alle Muskeln und Faszien zu dehnen, um unseren Bewegungsapparat fit für das Tagesgeschehen zu machen.

Für einen Hund ist jeder Tag wie ein neues Leben. Er kennt kein Bedauern über das Gestern oder Angst vor dem Morgen.

Wenn Kuba uns morgens begrüßt, habe ich immer das Gefühl, sie hätte gar nicht damit gerechnet, dass wir wieder aufwachen und freut sich deshalb umso mehr darüber.

Wenn Sie also das nächste Mal mit einem Coffee to go liebäugeln und das Gefühl haben, gar keine Zeit zu haben, überlegen Sie kurz, ob das wirklich stimmt. Oder ob Sie sich nicht doch entspannt einen Cappuccino auf der Terrasse Ihres Lieblingskaffees gönnen und einfach mal genussvoll Pause machen. Vielleicht sehen Sie Ihren Hund dann auch wieder mit ganz anderen Augen. Seien Sie dankbar für den Lehrmeister auf vier Pfoten an Ihrer Seite.

***Fazit:** Durch einen Hund wird nicht nur die körperliche Fitness – durch regelmäßige Bewegung an der frischen Luft – verbessert, sondern auch die seelische Gesundheit. Es kommt nicht so oft zu Depressionen und zum Burnout. Ein Hund zwingt zu Pausen und einem geregelten Tagesablauf. Er ist Seelentröster, Gesellschafter und Fitnesspartner.*

Rechtliche Aspekte

Ob Mitarbeiter einen Hund oder ein anderes Haustier mit an den Arbeitsplatz nehmen dürfen, entscheidet grundsätzlich der Arbeitgeber. Er hat das Hausrecht. Der Arbeitnehmer muss ihn um Erlaubnis fragen, wenn er sein Haustier mit an den Arbeitsplatz nehmen möchte.

Dabei gilt der Grundsatz der Gleichbehandlung. Es kann also nicht willkürlich dem einen Mitarbeiter erlaubt und einem anderen verwehrt werden. Es müssen sachliche Gründe vorliegen. Zum Beispiel, wenn in dem einen Fall Kundenkontakt besteht und im anderen nicht oder wenn ein Hund unverträglich ist, nicht stubenrein ist, häufig bellt oder generell nicht gut erzogen ist. Ein Verweigerungsgrund kann auch die Allergie eines Kollegen sein, der den Kontakt mit dem Hund – weil er im selben Büro sitzt – nicht vermeiden kann.

Ohne konkrete Erlaubnis kann eine Abmahnung oder in Wiederholungsfällen sogar eine verhaltensbedingte Kündigung erfolgen. Deshalb empfiehlt es sich, die Mitnahme seines Hundes in Form einer schriftlichen Vereinbarung festzuhalten. Wer zwar die mündliche Zusage seines Chefs hat, den Hund mitbringen zu dürfen, sollte sich trotzdem schriftlich absichern. Entweder durch seinen Arbeitsvertrag, eine separate schriftliche Genehmigung oder durch eine Betriebsvereinbarung. Darin kann festgelegt werden, in welchem Bereich sich der Hund aufhalten darf, wie Pausenzeiten geregelt werden müssen usw.

Checkliste:

Folgende Punkte könnten in der individuellen Betriebsvereinbarung zur Mitnahme des Hundes an den Arbeitsplatz beispielsweise festgehalten werden:

1. Wann darf der Hund mitgebracht werden?
    - Zeitweise/tageweise
    - Immer
2. Wo darf sich der Hund aufhalten?
    - Im Büro des Halters
    - Überall im Unternehmen
    - Nur in der eigenen Abteilung
3. Wo darf der Hund frei laufen?
    - Nur im Büro des Halters
    - Angeleint im ganzen Unternehmen
    - Nur mit Maulkorb

4. Welche Bereiche sind für den Hund tabu?
   - Kaffeeküche
   - Kantine
   - Toiletten
   - Andere Büros
   - Besprechungsräume
   - Empfangsbereich
5. Die Gassi-Geh-Zeiten für den Hund sind: ____ Diese Zeiten werden mit den Pausenzeiten des Arbeitnehmers verrechnet. ODER: Das Gassigehen mit dem Hund hat ausschließlich während der regulären Pausenzeiten zu erfolgen.
6. Für den Hund muss eine Hundehalterhaftpflichtversicherung abgeschlossen sein.
7. Sollten durch den Hund Verunreinigungen entstehen, sind diese sofort zu beseitigen bzw. müssen durch die Haftpflichtversicherung abgedeckt sein (z. B. Verunreinigung des Teppichbodens).
8. Es muss sichergestellt sein, dass der Hund keine Aggressionen zeigt und niemanden anknurrt oder beißt.
9. Der Halter muss eine Begleithundeprüfung und/oder einen Wesenstest nachweisen.
10. Bei Verstößen gegen die vereinbarten Regeln behält sich der Arbeitgeber jederzeit den Widerruf zur Mitnahme des Hundes an den Arbeitsplatz vor.

Übrigens: Der Bundesverband Bürohund *www.bv-bürohund.de* stellt registrierten Mitgliedsunternehmen eine von einem Rechtsanwalt entworfene Mustervereinbarung zur Verfügung. Trotzdem ist es immer ratsam, die Mustervereinbarung auf die individuellen Gegebenheiten im Betrieb anzupassen und gegebenenfalls von einem eigenen Rechtsanwalt prüfen zu lassen. Eine rechtssichere Vertragsvorlage, die für alle und jeden passen würde, gibt es nicht!

Auch Problemsituationen – wenn der Hund einen Schaden anrichtet – sollten dabei berücksichtigt und unbedingt durch eine Tierhalterhaftpflichtversicherung abgedeckt sein. Dabei ist wichtig zu wissen: Der Hundehalter haftet grundsätzlich für alle Schäden, die durch seinen Hund an Sachen (Büroeinrichtung, Teppichboden …) oder Personen (Kollegen, Kunden …) verursacht werden, und zwar nicht nur die unmittelbaren wie etwa durch Beißen, sondern auch wenn ein Kollege beispielsweise über den liegenden Hund, die Leine oder ein herumliegendes Hundespielzeug stolpert und sich verletzt.

Sollte letzteres passieren, kann es auch sein, dass zunächst die zuständige Berufsgenossenschaft des Arbeitgebers einspringt, da der Hund in diesem Fall als betrieblicher Gegenstand eingestuft wird. Allerdings entbindet das den Mitarbeiter nicht von einer eigenen Hundehalterhaftpflichtversicherung, da es sein kann, dass sich die Berufsgenossenschaft mit Regressansprüchen an den Halter wendet. Und da wäre es fatal und gegebenenfalls richtig teuer, wenn man zum Beispiel medizinische Behandlungen selbst bezahlen müsste.

Erkundigen Sie sich deshalb sicherheitshalber im Vorfeld bei Ihrem Arbeitgeber, der Berufsgenossenschaft und Ihrer eigenen Hundehalterhaftpflicht-Versicherung, damit es keine bösen Überraschungen gibt.

Empfehlenswert ist es, einen Nachweis über regelmäßige Gesundheitskontrolle, insbesondere im Hinblick auf Zoonosen (Giardien, Würmer, Pilz etc.) sowie Impfungen oder sogar einen Wesenstest oder eine erfolgreiche absolvierte Begleithundprüfung vorzulegen. Für Besuchs- und Therapiehunde, die in Einrichtungen wie Kinder- oder Seniorenheimen zum Einsatz kommen, sind regelmäßig zu erneuernde Gesundheits- und Verhaltenstests sogar Pflicht.

Unter besonderen Umständen kann der Arbeitnehmer generell berechtigt sein, seinen Hund mit an den Arbeitsplatz zu bringen. Wenn es sich beispielsweise um einen Assistenzhund handelt, auf den der Mitarbeiter zur Ausführung seiner Arbeit oder zur Erreichung seiner Arbeitsstätte angewiesen ist, umfasst die behindertengerechte Arbeitsplatzgestaltung auch die Mitführung des Hundes.

Zu besonderen Umständen zählt auch, wenn es der Arbeitgeber über Jahre hinweg geduldet hat, dass die Mitarbeiter ihre Hunde mitbringen und daraus eine betriebliche Übung entstanden ist. Trotzdem obliegt auch in diesen Fällen dem Arbeitgeber die Entscheidungshoheit. Eine einmal erteilte Erlaubnis kann jederzeit widerrufen werden. Einen rechtlichen Anspruch auf die Mitnahme eines Haustieres an den Arbeitsplatz gibt es nicht.

Auch wenn das Recht der Gleichbehandlung gilt und der Arbeitgeber nicht willkürlich einem Mitarbeiter einen Hund gestatten und einem anderen verbieten kann, kann er bei besonderen Vorkommnissen wie z. B. Unsauberkeit oder aggressivem Verhalten einzelnen Mitarbeitern die Mitnahme des Hundes untersagen oder seine Erlaubnis zurückziehen (siehe Entscheid des Landesarbeitsgerichts Düsseldorf, Az. 9 Sa 1207/13). Eine Angestellte hatte jahrelang ihren dreibeinigen Mischling namens Kaya mit ins Büro gebracht. Plötzlich benahm sich der Hund jedoch aggressiv und knurrte Kollegen an. Daraufhin beschloss der Chef: Kaya bleibt zu Hause. Die Mitarbeiterin klagte dagegen und unterlag vor Gericht. Für das Urteil war die Angst der anderen entscheidend.

Kann ein Mitarbeiter sein Haustier partout nicht alleine lassen, es aber auch nicht mit ins Büro bringen, bietet sich als Ausweg vielleicht die Arbeit im Homeoffice an. Auch dafür ist eine schriftliche Vereinbarung sinnvoll, denn einen Rechtsanspruch gibt es auch darauf nicht.

***Fazit:** Einen Rechtsanspruch auf die Mitnahme eines Hundes an den Arbeitsplatz gibt es nicht. Es liegt also immer an der Entscheidung des Arbeitgebers, ob Hunde erlaubt werden oder nicht. Eine diesbezügliche schriftliche Vereinbarung ist auf alle Fälle sinnvoll. Eine einmal erteilte Erlaubnis kann aber auch jederzeit widerrufen werden. Eine gültige Tierhalterhaftpflichtversicherung ist unbedingt notwendig.*

Der Einfluss eines Hundes auf die Zusammenarbeit

Der Hund als soziale Komponente

Einen nicht zu unterschätzenden positiven Effekt für die Kommunikation stellte der Forscher Prof. Dr. Kurt Kotrschal fest. Ihm fiel auf, dass er sehr oft auf der Straße von fremden Personen angesprochen wurde, wenn er mit seinem Hund unterwegs war. Ging er alleine die Straßen Wiens entlang, tauschte niemand spontan ein paar Worte mit ihm. Dies belegt, dass der Hund als sozialer Katalysator und als Eisbrecher sowie Förderer von neuen Kontakten fungiert. Die gleichen Beobachtungen machte auch die klinische Psychologin Birgit Ursula Stetina in ihren anthrozoologischen Forschungen, also der Mensch-Tier-Beziehung.

Das alles wirkt sich auch positiv auf das Betriebsklima in Unternehmen aus. Zufriedene Menschen sind fröhlicher und leistungsfähiger. Dadurch erhöht sich die Kollegialität und Teams wachsen zusammen. Oftmals werden die Tiere zu einem Bindeglied zwischen den einzelnen Mitarbeitern und fördern sogar Freundschaften.

Das beeinflusst unsere psychische und physische Gesundheit positiv.

Auch für die Hunde kann es gesünder sein. Die Studie von Randolph Barker von der Virginia Commonwealth University aus dem Jahre 2002 zeigt, dass die Tiere am Arbeitsplatz ebenfalls weniger unter Stress litten als allein zurückgelassene Hunde. Da Hunde Rudeltiere sind, leiden sie mehr unter der Trennung von ihren Haltern als in einer fremden Umgebung. Letztlich kann man aber auch diese Aussage nicht pauschalisieren und es kommt immer auf das Individuum und dessen Lernerfahrungen an (s. Kasten S. 38).

***Fazit:** Hunde am Arbeitsplatz wirken sich positiv auf die Menschen aus und regen die Produktion des Glückshormons Oxytocin an. Das wiederum fördert die Kommunikation, motiviert und sorgt für mehr Engagement bei den Mitarbeitern.*

Verbindliche Regeln aufstellen

Wer seinen Hund mit an den Arbeitsplatz nehmen möchte, sollte vorher unbedingt – wenn möglich schriftlich – klare Regeln vereinbaren. In manchen Unternehmen gibt es sogar einen Hundebeauftragten, der sich um die Belange der zwei- und vierbeinigen Mitarbeiter kümmert und ein entsprechendes Regelwerk. Um Missverständnisse zu vermeiden, sollten alle Kollegen im Unternehmen oder in der Abteilung diese Regeln kennen, um ein ungetrübtes Miteinander zu garantieren.

Dazu gehört als erstes natürlich die Erlaubnis des Arbeitgebers und das Einverständnis der Kollegen.

Außerdem sollte festgelegt werden, wo sich der Hund aufhalten darf und welche Räume für Hunde tabu sind. So beispielsweise die

Kantine, Kaffeeküche, Toiletten etc.

Wenn jemand allergisch auf Hunde reagiert oder Angst vor ihnen hat, muss nach einer Lösung gesucht werden. Hierfür könnte wieder das SK-Prinzip eingesetzt werden. Wer mit einem oder mehreren Personen in einem Raum sitzt, kann vielleicht das Büro mit einem anderen Kollegen tauschen. Oder es gibt die Möglichkeit, ab und zu im Homeoffice zu arbeiten. Der Hund wäre dann auch nicht jeden Tag allein und dem Mitarbeiter würde es sogar guttun, ab und zu ungestört arbeiten zu können.

Nicht nur die Bedürfnisse der Zweibeiner müssen erfüllt werden, auch das Wohl der Vierbeiner ist zu berücksichtigen. So muss er immer Zugang zu frischem Wasser und einem für ihn geeigneten Rückzugsort haben und kann eventuell auch mal mit Spielen beschäftigt werden.

Das können auch gern ab und zu Kollegen übernehmen, mit denen sich der Hund besonders gut versteht und die eine Pause kreativ nutzen wollen.

Kuba – ihres Zeichens waschechter Labi – freut sich über alles und jeden. Sie liebt Menschen ebenso wie andere Hunde (egal ob alt oder jung). Wenn jemand sie nur anschaut, fühlt sie sich meist berufen, ihm ihre Liebe stürmisch zu zeigen. Ich muss ihr dann erstmal klarmachen, dass nicht jeder zu jeder Zeit ihre Begeisterung teilt, vor allem, wenn er auf dem Weg zu einer Besprechung oder das Outfit nicht unbedingt hundepfotenverträglich ist.

Der Hund muss lernen, ruhig auf seinem Platz zu bleiben und sollte dort auch nicht gestört werden.

Manche Hunde lieben es, nur gestreichelt zu werden, wieder andere lassen sich gern mal mit einem Leckerchen oder Spiel verwöhnen. Natürlich sollte es in geschlossenen Räumen kein wildes Tobespiel sein, aber die Suche nach einem im Büro versteckten Spielzeug, einem Kauknochen oder Leckerlis, die z. B. in einer Decke oder einem mit Papierknäueln gefüllten Karton versteckt werden, macht vielen Hunden Freude und eignet sich hervorragend für die Beschäftigung zwischendurch. Manche Hunde wollen – je nach Temperament und Alter – aber einfach nur dabei sein. Dem sollte man auf jeden Fall Rechnung tragen.

Bei sehr verfressenen Rassen ist es durchaus auch Kollegen erlaubt, Leckerlis zu geben, aber der Besitzer muss unbedingt zustimmen, da er gegebenenfalls die Ration von der täglichen Futtermenge abziehen muss, um die Figur des Lieblings zu erhalten.

Wenn mehrere Hunde in einem Büro sind, muss darauf geachtet werden, dass kein Futterneid entsteht, weil einer zum Beispiel einen Knochen hat und der andere nicht. Wenn möglich, sollte also lieber zu Hause gefüttert werden oder zumindest abseits von anderen Fellkollegen. Das gilt ebenso für Knabbereien zwischendurch.

Auch bei Spielsequenzen ist es wichtig darauf zu achten, dass die Eigentumsverhältnisse unter den Hunden nicht zu Unstimmigkeiten führen, zum Beispiel, wenn sich einer an der Spielekiste des anderen bedienen will. Nicht jeder Hund ist bereit, seine Spielsachen mit anderen zu teilen.

Der Liegeplatz des Vierbeiners sollte absolut tabu für die Kollegen und auch für Kunden sein. Hier weiß der Hund, dass er „sicher“ ist und seine Ruhe hat. Mehr dazu s. S. 56.

Das bedeutet auch, dass er auf seinem Platz zu bleiben hat, wenn er dorthin geschickt wird. Er sollte von dort dann weder weggelockt werden noch Leckerlis bekommen. Schließlich muss der Hund auch nicht ununterbrochen bespaßt oder gestreichelt werden, sondern seine Ruhephasen genießen können. Ein Hund, der am liebsten auf dem Schoß sitzt, kann zur erheblichen Unbequemlichkeit für seinen Besitzer werden. Hier ist es angebracht, dem vierbeinigen Kollegen zu zeigen, wo sein Platz ist und dass er dortbleiben soll, bis das Signal aufgehoben wird (s. S. 59). Das verhindert nicht nur Stress beim Menschen, sondern auch bei seinem Hund.

Wieviel Hund verträgt das Unternehmen?

Auch wenn der Hund gut sozialisiert ist, ist das Verhalten je nach Hundepersönlichkeit unterschiedlich. Um trotzdem jedem Tier einen stressfreien Alltag zu ermöglichen, sollte dies so gut es geht berücksichtigt werden.

In vielen Firmen – vor allem, wo Tiere das Geschäftsfeld bestimmen, wie in Tierbedarfsläden, Tierbuchverlagen etc. – dürfen auch mehrere Hunde am Arbeitsplatz sein. Mehrere Hunde im Unternehmen bedeuten, dass sie erst recht gut sozialisiert sein müssen, damit es keinen Streit gibt – weder zwischen den Hunden noch unter den Menschen, was sich im schlimmsten Fall auf die Harmonie zwischen den Kollegen auswirken kann nach dem Motto „Dein Hund hat aber angefangen“.

Bei einem meiner Kunden sind neun Hunde im Unternehmen, die sich bestens miteinander vertragen. Mittags wird meist eine gemeinsame Gassirunde gemacht. Dabei werden durchaus auch „Fachgespräche“ geführt, die früher den Treffen in der Kaffeeküche vorbehalten waren. Daraus haben sich schon sehr hilfreiche und interessante Lösungen für die ein oder andere Aufgabenstellung ergeben. So wird die Mittagspause einerseits zur Erholung genutzt, aber andererseits auch zum kreativen Ideenaustausch, den es im normalen Arbeitsalltag sonst oft so nicht geben würde. Wo es viele Einzel- oder Doppelbüros gibt, sind Hunde zwar leichter zu organisieren als in Großraumbüros, dafür bekommt man dort aber nicht so viele Informationen automatisch mit. Auch wenn das manchmal zu Konzentrationsproblemen führt, da in Büros mit vielen Mitarbeitern ein hoher Geräuschpegel herrscht und immer Bewegung ist. Aber weder in dem einen noch in dem anderen Fall gibt es allgemeingültige Regeln für „das muss so sein". Es kann auch in einem Großraumbüro mit Hund durchaus harmonisch und entspannt zugehen.

Aktionstag Kollege Hund

Um möglichst viele Unternehmen und Arbeitnehmer für das Thema „Hund am Arbeitsplatz“ zu motivieren, hat der Deutsche Tierschutzbund den Aktionstag „Kollege Hund“ (immer am letzten Donnerstag im Juni) ins Leben gerufen. Dabei soll es Mitarbeitern möglich sein, für einen Tag ihren Hund mit zur Arbeit zu nehmen. Der tierische Schnuppertag soll zu einer größeren Akzeptanz des treuesten Freundes des Menschen im täglichen Arbeitsbetrieb verhelfen. Aktuell nehmen rund eintausend Unternehmen von der Anwaltskanzlei über die Buchhandlung und das Autohaus bis zum Reisebüro und Pflegeheim daran teil. Die Teilnehmer erhalten anschließend eine Urkunde, die sie als tierfreundliches Unternehmen auszeichnet. Näheres unter www.tierschutzbund.de.

DEUTSCHER TIERSCHUTZBUND

Fazit: *Voraussetzung für Hunde im Unternehmen ist, dass diese gut erzogen und sozialisiert sind, damit es weder Streit zwischen den Hunden noch unter den Kollegen gibt. Deshalb sollte es für beide Seiten klare Regeln geben, um das Miteinander stressfrei zu gestalten.*

Der Arbeitsplatz für Kollege Hund

12
9
3
6

Wo bekommt der Hund seinen Platz?

Wer seinen Hund mit zur Arbeit nehmen darf, muss auch dafür sorgen, dass er sich dort wohlfühlt und seine Bedürfnisse berücksichtigt werden. So sollte gewährleistet sein, dass das Tier seinen festen Platz und einen ungestörten Rückzugsort hat. Auch sollte der Platz vor Hitze, Kälte und Zugluft geschützt sein. Eine Decke im Flur mit ständigem Durchgangsverkehr wäre also denkbar ungeeignet. Selbstverständlich muss auch der „Arbeitsplatz" des Hundes frei von Lärm, Dämpfen (z. B. im Friseursalon) oder giftigen Substanzen sein.

Manche Trainer sind der Meinung, dass es nur einen Hundeplatz geben sollte. Bei uns ist das anders, und so lange alle Beteiligten damit klar kommen finde ich es auch in Ordnung.

Die meisten Hunde sind am glücklichsten, wenn ihr Platz nahe bei Herrchen oder Frauchen ist.

Kuba liegt am liebsten unter meinem Schreibtisch. Wenn möglich, mit dem Kopf auf meinem Fuß. Wenn ich mich an den Laptop setze, wechselt sie unter den Computertisch, um die Nähe zu erhalten. Deshalb hat mein Prinzesschen unter jedem Arbeitsplatz eine Decke. Da mein Büro im ersten Stock ist, muss ich ins Erdgeschoss, wenn es klingelt und ich die Tür öffnen will. Dort hat sie ihren Stammplatz, und wenn sie mit zur Tür läuft, geht sie dort sofort in ihr Körbchen und wartet brav, bis sie den Besucher begrüßen darf.

Die meisten Hunde sind am glücklichsten, wenn ihr Platz nahe bei Herrchen oder Frauchen ist. Das kann eine Decke, ein Körbchen oder eine offenstehende Hundebox sein, wo sie nicht gestört werden dürfen. Dies sollten alle Kollegen und Besucher wissen, dann gibt es auch mit fremden Menschen keine Missverständnisse, weil jemand den Hund in „seinem" Bereich unvermittelt stört und dieser dann knurrt oder sogar schnappt. Je nach Größe des Hundes und den räumlichen Gegebenheiten kann auch ein Bereich durch ein Gitter abgetrennt werden. Genaue Maße dafür finden sich sogar in der Tierschutzhundeverordnung.

Ein Kunde von mir hat den Ruheplatz von Basko mit einem humorvollen Plakat gekennzeichnet („mein Herrchen, meine Leckerlis, mein Platz"), das darauf hinweist, dass dies nur sein Platz ist. Das sorgte bei allen sofort für Klarheit ohne erhobenen Zeigefinger oder strikte Verbote.

Idealerweise hat der Hund gelernt, dass er auch auf seinem Platz zu bleiben hat, wenn sein Halter den Arbeitsplatz kurzzeitig verlässt. Wer aber öfter mal länger in einem Meeting sitzt und den Hund nicht dabeihaben kann, könnte einen Kollegen bitten, während der Zeit auf den Hund aufzupassen.

Einigen Hunden sind im Winter Fußbodenheizungen oder im Sommer Teppichböden zu warm. Dagegen helfen zum Beispiel Kühlmatten oder Kühlwesten, die im Kleintierfachhandel erhältlich sind. Sie kühlen auf Druck durch das enthaltene Gel, andere Modelle können in den Kühlschrank gelegt werden oder funktionieren sogar im Wasser, um ihre Wirkung zu entfalten (siehe Service S. 137).

Gibt es keine Ausweichmöglichkeit vom Teppichboden, ist das Hunden mit viel Fell auf Dauer oft zu warm zum Liegen. Vor allem im Sommer können spezielle Kühlmatten dann Abhilfe schaffen.

Bei zu kalten oder wie hier durch Fußbodenheizung zu warmen Fußböden sind erhöhte stehende Hundeliegen eine gute Lösung.

Trainer-Tipp: Hundeplatz

Wie oben schon erwähnt, sollte der Hund unbedingt einen geschützten Platz haben, an den er sich jederzeit zurückziehen kann und seine Ruhe hat. Es muss gewährleistet sein, dass er dort von niemandem gestört wird. Wie Sie den Bereich definieren, ist Ihre Sache. Überlegen Sie einfach, was Ihr Hund gerne mag und wie es für die Arbeitskollegen am ersichtlichsten ist.

Haben Sie einen Platz gefunden, ist es sinnvoll, mit Ihrem Hund zu trainieren, dass er auf Signal seinen Platz aufsucht und solange dortbleibt, bis er ein anderes Signal von Ihnen bekommt. So können Sie ihn jederzeit wegschicken, wenn zum Beispiel jemand den Raum betritt, der keinen Kontakt zum Hund haben möchte.

Training „Auf deinen Platz“:

Werfen Sie ein paar Mal ein Leckerchen auf den Hundeplatz und lassen es den Hund fressen. Das machen Sie auch aus einer etwas weiteren Entfernung (Sie sollten aber den Hundeplatz noch gut treffen können). Werfen Sie mit einer vom Hund gut ersichtlichen Handbewegung. Diese Handbewegung können Sie später zum Signal „umbauen“. Dies wiederholen Sie einige Male. Wenn Ihr Hund freudig auf das nächste Stück Futter wartet, ist es Zeit für den nächsten Schritt. Sagen Sie ein Wortsignal, bevor Sie das Futter werfen, beispielsweise „Decke“, und dann werfen Sie das Futter auf die Decke. Wichtig ist, dass Sie ein wenig Zeit zwischen dem Wortsignal und dem Werfen lassen. Warten Sie nach dem Wortsignal einfach zwei Sekunden, bevor Sie werfen.

Nach ein paar Wiederholungen gehen Sie zum nächsten Schritt über. Sie nehmen das Futter nun in die andere Hand. Die bisherige Wurfhand ist nun leer, aber Sie halten sie nun genau so, als hätten Sie noch Futter darin. Nun sagen Sie Ihr Wortsignal und machen eine Wurfbewegung in Richtung Decke mit der leeren Hand. Sobald der

Hund auf der Decke ankommt, sagen Sie Ihr Lobwort und werfen ihm das in der anderen Hand befindliche Leckerchen zu.

Falls Ihr Hund diesen Trainingsschritt nicht schafft und nicht losläuft, wenn er kein Futter fliegen sieht, müssen Sie ein paar Zwischenschritte einbauen. Lassen Sie die Futterstückchen, die Sie werfen, immer kleiner werden, bis Sie schließlich nur noch die Handbewegung machen. Eine andere Möglichkeit ist, erst das Futter auf die Decke zu legen (ohne dass der Hund es fressen darf) und ihn dann mit der Wurfbewegung der leeren Hand loszuschicken.

Nun ist es an der Zeit, sich zu überlegen, was der Hund auf der Decke tun soll. Soll er sich dort hinlegen oder setzen? Oder ist es Ihnen egal und er soll einfach auf der Decke bleiben, egal, was er dort tut? Wenn Sie möchten, dass der Hund sich dort hinlegt, dann geben Sie ihm, sobald er auf der Decke angekommen ist, das Signal zum Hinlegen, bevor Sie ihn belohnen. Geben Sie ihm immer ein Auflösungssignal, z. B. „OK", wenn er aufstehen darf. Seien Sie anfangs sehr schnell und zögern Sie das Auflösesignal immer weiter hinaus. Steht der Hund von alleine auf – was nicht zu oft passieren sollte - dann wird er nicht belohnt!

Nach ein paar Wiederholungen zögern Sie das Signal fürs Hinlegen hinaus und schauen, ob der Hund sich schon von alleine auf die Decke legt, wenn er dort angekommen ist.

Lässt sich Ihr Hund auch ohne Futter auf die Decke schicken und legt sich dort hin, dann ändern Sie den Anlaufwinkel, die Entfernung, die Ablenkung auf dem Weg zur Decke ... Stellen Sie dem Hund Fragen, die er mit JA beantworten kann:

Kannst du auch zur Decke laufen, wenn die Decke fünf Meter entfernt liegt?

Kannst du auch zur Decke laufen, wenn wir in einem anderen Raum sind?

Kannst du auch zur Decke laufen, wenn du unterwegs andere Menschen triffst, die dich ansprechen?

Lassen Sie sich immer neue Herausforderungen einfallen, die das Verhalten immer stärker werden lassen! Arbeiten Sie auch an der Dauer, die der Hund dort liegen bleiben soll.

Bei dieser Übung haben Sie mehrere Aspekte, die Sie trainieren müssen. Der Hund soll auf seinen Platz gehen, wenn Sie einen gewissen Abstand zur Decke haben. Er soll dort eine gewisse Dauer bleiben. Er soll dort auch bleiben, wenn Sie sich von ihm entfernen. Und er soll dort bleiben, wenn Ablenkung in der Nähe ist. Für Sie ist wichtig zu wissen, dass Sie diese vier Aspekte immer getrennt voneinander trainieren sollten. Wenn Sie am Abstand trainieren, dann muss der Hund nicht lange bleiben. Wenn Sie an der Dauer trainieren, dann sollten Sie ohne Ablenkung üben.

Erst wenn der Hund alle einzelnen Kriterien beherrscht, bauen Sie mehrere zusammen. Dann können Sie auch an Dauer und Ablenkung gleichzeitig üben oder an Dauer, Ablenkung und Abstand. Stellen Sie dem Hund immer schwierigere Fragen und achten Sie drauf, dass Sie so langsam vorgehen, dass der Hund jede einzelne Frage immer mit JA beantworten kann!

Die Umgebung Ihrer Arbeitsstätte spielt ebenfalls eine Rolle bei der Überlegung, einen Hund mit an den Arbeitsplatz zu nehmen.

Frau K. hatte von ihrem Chef die Erlaubnis bekommen, ihren Hund mit ins Büro zu nehmen. Und auch die Kollegen waren einverstanden. Sie arbeitete in einem Architekturbüro etwas außerhalb der Stadt. Die Umgebung war nahezu perfekt, denn das Haus war von Wiesen und Wäldern umgeben und die Gassigänge waren kein Problem. Auch wenn sie mal etwas kürzer ausfallen mussten, weil viel zu tun war, musste sie keine langen Wege in Kauf nehmen, um ihren Hund auszuführen.

Voller Vorfreude durfte der vierbeinige Kollege also mit ins Büro. Aber als sie vor der steilen Eisentreppe stand, war Schluss mit lustig. Hugo weigerte sich, die Stufen hinaufzugehen. Vielleicht, weil er durch die offenen Stufen nach unten durchschauen konnte oder weil die durchbrochenen Stufen für seine Pfoten unangenehm und neu waren. (Kuba hat sich auch schon mal eine Kralle abgerissen, weil sie stürmisch eine Eisentreppe hinabgelaufen war) Und das, obwohl wir das Gehen über Gitter bereits in der Hundeschule geübt haben.

Nun war Kreativität gefragt, um das Projekt nicht von vornherein zum Scheitern zu verurteilen. Ein Kollege von Frau K. hatte die Idee, jeweils die Hälfte der Stufen mit rutschfesten Teppichresten zu versehen – und siehe da, sie waren für Hugo kein Problem mehr.

Frau G. arbeitete in einem ebenerdigen Gebäude, was ihrem schon etwas älteren Rüden sehr entgegen kam. Das Treppenproblem fiel also weg. Das war vor allem hilfreich, weil er öfter mal raus musste. Da zu dem Haus ein kleiner Garten gehörte, konnte sie ihn bei Bedarf schnell mal rauslassen und wurde nicht allzu lange von ihrer Arbeit abgehalten. Sie nutzte diese Pausen gleichzeitig für sich selbst, um kurz durchzuschnaufen, vor allem, wenn sie viel zu tun hatte. Danach fühlte sie sich gleich wieder fitter und leistungsfähiger.

Eine solche offene Gittertreppe ist vielen Hunden unangenehm und sie können mit den Krallen darin hängenbleiben. Schließen Sie das anhand von Krallengröße Ihres Hundes und Weite der Öffnungen im Gitterrost aus, bevor Sie an einer solchen Treppe üben oder ziehen Sie Ihrem Hund Pfotenschuhe an. Auch Teppichreste auf den Stufen können eine Lösung sein.

Wenn Sie in einem mehrstöckigen Haus arbeiten und einen Aufzug nutzen, sollten Sie das im Vorfeld mit dem Hund üben. Vor allem gläserne Aufzüge können Unbehagen hervorrufen.

Was muss bei Publikumsverkehr beachtet werden?

Vor allem wenn der Publikumsverkehr auch für Ihren Hund nicht zu vermeiden ist, muss darauf geachtet werden, dass dies für keine Seite zum Stress wird.

Herr G. arbeitete am Empfang eines kleinen Hotels. Sein Weimaraner Rüde lag meist entspannt schlafend auf seiner Decke in der Nische hinter dem Tresen. Dieser war durch eine kleine Schwingtür von der Hotelhalle getrennt, sodass keine Gefahr bestand, dass ihn jemand plötzlich in seinem Refugium störte.

In meinem Friseursalon dagegen hatte der kleine Malteser Mischling sein Körbchen vorne neben der Kasse, und jedes Mal, wenn ein Kunde hereinkam oder zahlen wollte, sprang er auf, um ihn zu begrüßen. Der kleine Kerl war zwar immer freundlich und lustig, kam aber nie richtig zur Ruhe, weil ständig neue Leute um ihn herum waren und ihn oft auch streicheln wollten. Außerdem musste die Inhaberin immer aufpassen, dass er nicht schnell mit einem Kunden aus dem Laden entwischte. Hier wäre eine mögliche Lösung gewesen, dem Hund einen ruhigeren Platz weiter hinten im Laden zuzuweisen, sodass er sich nicht jedes Mal so stark zum Aufspringen genötigt gesehen hätte. Gleichzeitig hätte das Kommando „Geh auf Deinen Platz" (siehe S. 59) trainiert werden können. Zur Überbrückung, bis das Verhalten „auf dem Platz

Liegeplätze in der Nähe von Türen oder Durchgängen sind ungünstig, weil der Hund hier nie zur Ruhe kommt und möglicherweise auch territoriales Verhalten gefördert wird – der Hund sieht sich dann unter Umständen genötigt, diese strategisch wichtigen Durchgänge zu bewachen und zu kontrollieren. Ein besserer Platz ist deshalb in einer ruhigeren Ecke!

bleiben" zuverlässig funktioniert, hätte man den Hund in einem Nachbarraum unterbringen können, dessen offenstehende Tür mit einem Babygitter versperrt ist oder aber ihn kurz an die Leine nehmen, wenn Kunden kommen und gehen. Länger dauerndes Anbinden des Hundes an seinem Platz, Einsperren in eine Box oder kleinen abgetrennten Gitterbereich ist übrigens tierschutzwidrig!

Gibt es im Unternehmen weitere Hunde oder können Besucher mit Hund kommen?

Die „eigenen" Hundekollegen in der Firma können schon eine Herausforderung darstellen, aber fremde Hundebesucher erst recht. Hier muss sichergestellt sein, dass der Hund nicht unvermittelt mit den vierbeinigen Besuchern konfrontiert wird. Und selbst wenn Ihr Liebling keine territorialen Ansprüche stellt, können Sie nicht sicher sein, dass Besuchshunde ebenso friedlich reagieren. Bringen Sie Ihren Hund lieber in einem abgetrennten Bereich unter, um erst gar keine stressigen Situationen heraufzubeschwören.

***Fazit:** Idealerweise ist der Hundeplatz in unmittelbarer Nähe von Herrchen oder Frauchen. Er sollte geschützt gegen Kälte und Zugluft sein und nicht in einem unmittelbaren Durchgangsbereich liegen. Je nach Rasse und Größe kann es eine (offene) Hundebox sein, ein Körbchen, eine Decke oder ein mit einem Gitter großzügig abgetrennter Bereich. Wichtig ist, dass der Hund auf seinem Platz nicht gestört werden darf.*

Gefahrenabwehr: Der hundesichere Arbeitsplatz

Generell muss der Hund am Arbeitsplatz so untergebracht sein, dass für ihn und von ihm möglichst keine Gefahren ausgehen. Folgende Punkte sollten Sie daher vorab etwas näher unter die Lupe nehmen:

Gute Luft: Raucherbüros sind für empfindliche Hundenasen eine Zumutung! Aber nicht nur Zigarettenqualm, auch die Ausdünstungen häufig laufender Kopierer oder Drucker können nicht nur unangenehm, sondern auch sehr gesundheitsschädlich sein – für uns Zweibeiner natürlich genauso. Deshalb: Regelmäßig gründlich stoßlüften, also mehrmals am Tag für etwa fünf Minuten die Fenster weit öffnen.

Angenehme Raumtemperatur: Könnte es in Werkstätten von Handwerksbetrieben, Autohäusern etc. für den stundenlangen Aufenthalt eines Hundes eher zu kalt sein, ist es in Büros für die allermeisten Hunde in der Regel tendenziell eher zu warm. Wenn dann noch keine Ausweichmöglichkeit vom Teppichboden besteht, können besonders langhaarige und/oder kurznasige Hunde schnell unter hoher Wärmebelastung leiden, die im Winter durch trockene Heizungsluft noch verstärkt wird. Kühlmatten (s. S. 57) oder höher gestellte Hundebetten können Abhilfe schaffen.

Geräuschquellen: Das Gehör von Hunden ist wesentlich empfindlicher als unseres – wo wir in Handwerksbetrieben an Maschinen Lärmschutz tragen müssen, ist es für Hunde auf alle Fälle deutlich zu laut! Produktionsbetriebe sind also nicht geeignet, um Hunde mitzunehmen. In diesem Fall lassen Sie den vierbeinigen Begleiter lieber in einem Büro oder anderem lärmgeschützten Bereich.

Stromkabel: Herumliegende Stromkabel können einerseits besonders Welpen zum Anknabbern verleiten und andererseits dazu führen, dass der Hund an ihnen hängenbleibt und damit Geräte wie Drucker oder Monitor vom Schreibtisch reißt. Sichern Sie Kabel deshalb immer mit Kabelbindern oder noch besser in geschlossenen Kabelschächten. Bei Welpen kann ein bitter schmeckendes, aber ungiftiges Anti-Knabber-Spray aus dem Zoofachhandel hilfreich sein, um ihnen das Interesse an Stromkabeln zu verleiden.

Giftige Zimmerpflanzen: Viele klassische Büro-Zimmerpflanzen sind für Hunde giftig, und insbesondere Welpen vertreiben sich die Langeweile gern einmal mit dem Annagen von Stämmchen oder Wurzeln in ihrer Reichweite. Zu den für Hunde giftigen Zimmerpflanzen zählen beispielsweise Gummibaum, Weihnachtsstern, Alpenveilchen, Agave und Christstern. Schauen Sie am besten genau nach, was bei Ihnen am Arbeitsplatz grünt und blüht oder informieren Sie sich im Internet, ob es sich um eine Giftpflanze handelt und stellen Sie diese außer Reichweite des Hundes auf.

Schokolade und Plätzchen stehen als Nervennahrung auf vielen Schreib- und Konferenztischen. Natürlich sollten Sie Ihren Hund trainieren, kein herumstehendes Essen zu stehlen (s. S. 134), aber besser ist es, den Hund gar nicht erst in Versuchung zu führen und die Knabbereien außerhalb seiner Reichweite aufzubewahren. Dass dunkle Schokolade für Hunde sehr giftig ist, hat sich inzwischen herumgesprochen, eine weniger bekannte Gefahr geht jedoch vom immer mehr verwendeten Süßungsmittel Xylit in zuckerfreien Plätzchen und Süßigkeiten aus. Das auch als Birkenzucker bekannte Xylit ist für Menschen unbedenklich, bewirkt aber beim Hund einen lebensbedrohlichen und schnellen Abfall des Blutzuckerspiegels: Drei bis vier Gramm Xylitol pro Kilogramm Körpergewicht gelten dabei bereits als tödlich! Von der Tischkante gestohlenes Gebäck ist deshalb nicht nur ein Ärgernis für die Kollegen, sondern auch eine sehr reale Gefahr für den Hund! Sollten Sie ihn beim Naschen von xylitolhaltigen Süßigkeiten erwischt haben, gilt auf jeden Fall: Keine Zeit verlieren, auch wenn (noch) keine Symptome zu sehen sind, und umgehend zum Tierarzt!

Chemikalien und Reiniger: Es versteht sich von selbst, dass Putz- und Reinigungsmittel, Druckertoner etc. geschlossen außer Reichweite des Hundes aufbewahrt werden müssen – stellen Sie sich einfach vor, es wäre ein Kleinkind im Raum. Die Vorsichtsmaßnahmen sind die gleichen. Und: In den Eingangsbereichen und Fluren werden von professionellen Raumpflegern häufig schärfere Reinigungsmittel eingesetzt, als dies im Privathaushalt üblich ist. Um Verätzungen und allergische Reaktionen an Hundepfoten und -nasen zu vermeiden, umgehen Sie deshalb frisch gewischte Flächen möglichst. Im Winter wird in den Eingangsbereichen vor Büros und Läden oft viel Streusalz verwendet. Hier kann das kurzfristige Überziehen von Pfotenschuhen oder das Abwaschen der Pfoten mit klarem Wasser nach dem Spaziergang Abhilfe schaffen.

Anstoßen an Gegenstände:
Kann der Hund im Vorbeilaufen an Tische oder Regale stoßen, auf denen kipplige Gegenstände stehen, die dadurch herunter-

fallen könnten? Unterziehen Sie den Arbeitsplatz daraufhin noch einmal einem kritischen Blick, es kann auch Ihrer eigenen Sicherheit nicht schaden.

Drehtüren, Gittertreppen & Co.:
In vielen Bürogebäuden gibt es Drehtüren oder sich automatisch öffnende Türen, in denen Hunde eingeklemmt werden können. Gehen Sie immer mit Ihrem an der Leine gesicherten Begleiter gemeinsam durch solche Türen. Eine andere häufige Gefahr sind Gitterroste oder -treppen, in denen der Hund je nach Pfotengröße sehr schmerzhaft mit seinen Krallen hängenbleiben oder sich diese sogar abreißen kann. Prüfen Sie, ob die Zwischenräume so eng sind, dass die Krallen Ihres Hundes darin hängenbleiben könnten oder im Gegenteil so weit, dass er mit der ganzen Pfote durchrutschen könnte und meiden Sie diese Bereiche möglichst. Wenn sich das Überqueren des Metallgitters nicht vermeiden lässt, um ins Gebäude zu gelangen, bleibt als Abhilfe nur, den Hund entweder zu tragen oder ihm rutschfeste Pfotenschuhe anzuziehen. Eventuell können Sie die Gitterstufen – zumindest halbseitig – auch mit Teppichresten versehen, damit der Hund bequem rauf und runter gelangt.

Herumliegendes Hundespielzeug:
In Laufwegen liegende Bälle und Hundespielsachen sind weniger für den Hund problematisch, als für Sie selbst oder Ihre Kollegen, die im unpassenden Moment darüber stolpern könnten! Räumen Sie Hundespielsachen deshalb am besten in eine verschließbare Kiste, wenn Ihr Hund gerade nicht damit beschäftigt ist und Sie ihn nicht beaufsichtigen können.

Gut vorbereitet: Was sollte Kollege Hund noch so können?

Trainer-Tipp: Umgang mit Menschen

Wenn Sie Ihren Hund zur täglichen Arbeit mitnehmen möchten, dann sollte er als erstes lernen, wie man mit Menschen aller Art umgeht. Ihre Arbeitskollegen werden sich bestenfalls auf den Zuwachs freuen und sind neugierig, was die neue Situation mit sich bringen wird. Manche werden vielleicht auch skeptisch sein. Es wird Menschen in Ihrem Umfeld geben, die Erfahrung mit Hunden haben, andere nicht und wieder andere denken, sie hätten Ahnung von Hunden. Mit all diesen Menschen sollte der Hund so umgehen, dass sich niemand belästigt fühlt.

Kopftätscheln *ist den meisten Hunden sehr unangenehm. Weil Sie aber nicht ausschließen können, dass Kollegen und Besucher es tun werden, sollten Sie es trainieren und für Ihren Hund positiv verknüpfen.*

Kopftätscheln

Menschen tun aus Hundesicht seltsame und unhöfliche Dinge. Sie schauen den Hund unentwegt an - am liebsten in die Augen, sie beugen sich über ihn, um ihn zu streicheln, sie tätscheln ihm auf den Kopf oder klopfen ihm gut gemeint auf die Flanke. Dies alles sind aus Hundesicht sehr bedrohliche Gesten und es ist nicht unbedingt gesagt, dass der Hund dies einfach so über sich ergehen lässt. Je nachdem, wie sicher oder unsicher der Hund ist, kann man sich dadurch ein Problem einfangen, und zwar dann, wenn der Hund lernt, dass Menschen unangenehm sind.

Deshalb ist es sinnvoll, einen Hund, der viel mit fremden Menschen zusammenkommt, gut auf dieses Leben vorzubereiten. Der Hund kann sehr gut und einfach lernen, dass Menschen einen etwas anderen „Umgangston" haben als Hunde und dass Menschen es nicht böse meinen, wenn sie ihm bedrohlich auf den Kopf tätscheln.

Training:

Halten Sie besonders gutes Futter bereit und rufen Sie Ihren Hund zu sich.

Nun tätscheln Sie ihm sanft auf den Kopf und geben ihm sofort ein Stück Futter. Gut ist, wenn Ihr Hund ein Lobwort kennt, das ihm sagt, dass es gleich eine Belohnung gibt. Dann tätscheln Sie und sagen das Lobwort (Fein, Brav, Gut, Click, Top ...) in dem Moment, in dem Sie tätscheln. Danach kommt sofort ein Stück schmackhaftes Leckerli. Wenn Sie das oft genug machen, werden Sie sehen, wie sich die Körpersprache Ihres Hundes verändert. Anfangs wird er ein paar Stresssignale zeigen (Blick abwenden, züngeln, blinzeln, gähnen, abducken ...), weil er es nicht so toll findet. Paaren Sie aber das Tätscheln immer und immer wieder mit Lobwort und Keksen, dann wird sich seine Stimmung ändern und die Stresssignale werden weniger und weniger.

Diesen Schritt können Sie nun auch mit dem Hund bekannten anderen Personen durchführen. Ein Familienmitglied tätschelt den Hund, Sie sa-

gen Ihr Lobwort und füttern den Hund. Dann das Ganze mit weniger Bekannten und unbekannten Menschen bei zufälligen Begegnungen (keine Angst, Sie müssen niemanden bitten, den Hund zu streicheln, die meisten Menschen machen es sowieso und Sie müssen nur noch Ihr Lobwort sagen und füttern). So können Sie jede Begegnung zu einem positiven Erlebnis für Ihren Hund machen.

Genau so können Sie auch bei anderen bedrohlichen Gesten vorgehen. Klopfen Sie Ihrem Hund auf die Flanke oder Schulter, geben Sie Ihr Lobwort und füttern Sie ihn. Beugen Sie sich über den Hund, Lobwort und füttern. Das machen Sie immer und immer wieder, so lange, bis Sie merken, dass der Hund nicht mehr gestresst wirkt.

Umarmen

Je nachdem, wo Sie arbeiten, müssen Sie noch einen Schritt weiter gehen. Arbeiten Sie mit beeinträchtigten Menschen, mit Kindern oder Senioren? In diesem Arbeitsumfeld kommt es noch zu ganz anderen Begegnungssituationen, die der Hund meistern muss, ohne gestresst zu sein. Diese Personengruppen können ihre Kräfte oft nicht gut kontrollieren und werden unbeabsichtigt grob zum Hund. Da greift dann schon mal jemand etwas fest ins Fell, tätschelt etwas fester oder will den Hund umarmen. Kleine Kinder können auch schon mal am Fell ziehen oder unbeabsichtigt auf den Schwanz treten. In solchen Situationen sollte der Hund Ruhe bewahren und nicht um sich schnappen. Dieser Ernstfall sollte auch mit dem Hund trainiert werden.

Achtung! Es geht nicht darum, dass der Hund alles ertragen muss! Ganz im Gegenteil. Ihre Arbeitskollegen, Klienten, Patienten oder Kunden sollten auch einige Regeln im Umgang mit dem Hund akzeptieren. Je nach Menschengruppe, die Sie umgibt, kann es aber trotz aller Vorsicht sein, dass die Regeln nicht eingehalten werden. Bei mir in der Kindertagesstätte gibt es Kinder von 0 – 6 Jahren. Eine der wichtigsten Regeln lautet „Die Hunde werden nicht umarmt!“ Trotzdem kann es aber mal vorkommen, dass ein zweijähriges Kind zum Hund gelaufen kommt und ihn umarmt, weil es das von seinem Familienhund auch so kennt. Auf diesen Ernstfall muss ich meinen Hund vorbereiten, damit er in einer solchen Situation nicht so gestresst ist, dass er beißt.

*Auch **Umarmen** ist etwas, das Hunde von Natur aus nicht mögen und womit sie im Arbeitsalltag konfrontiert werden können, besonders, wenn Kinder anwesend sind. Trainieren Sie es mit Ihrem Hund Schritt für Schritt, damit es für ihn zur Normalität wird.*

Training:

Auch hier gehen Sie so vor wie oben beim Tätscheln beschrieben. Ziehen Sie Ihren Hund sanft am Fell, geben Sie Ihr Lobwort und füttern Sie ihn mit etwas ganz Besonderem. Werden Sie mit der Zeit immer etwas fester, ohne natürlich dem Hund dabei weh zu tun.

Pieksen Sie ihn etwas mit dem Finger in die Seite, Lobwort und Futter.

Werden Sie in Ihrem Überbeugen immer extremer bis hin zur Umarmung und belohnen Sie ihn gut dafür.

Achtung! Seien Sie immer vorsichtig. Es geht nicht darum, den Hund zu stressen. Ihr Reiz sollte immer nur so stark sein, wie der Hund es gut ertragen kann und nicht gestresst ist! Diese extrem bedrohlichen Situationen sollten Sie nur mit sich trainieren und auch nur dann, wenn Sie Ihren Hund gut kennen. Trainieren Sie das bitte nicht mit fremden Personen. Wenn Sie mit Menschen arbeiten, bei denen es sein kann, dass der Hund in eine solche Situation gerät, ist es wichtig, immer gutes Futter dabei zu haben. So kann ich dem Hund im Ernstfall immer sagen, dass es positiv ist und es mit etwas Gutem verknüpfen.

Die beschriebenen Situationen zeigen, dass der Einsatz in einer sozialen Einrichtung eine besondere Anforderung an das Mensch-Hund-Team darstellt. Aus diesem Grunde ist es wichtig, den Hund durch eine gezielte Ausbildung auf diese Aufgabe vorzubereiten. Achten Sie bei der Auswahl der Ausbildung darauf, dass der Hund positiv ausgebildet wird! Ein über Strafe ausgebildeter Hund kann schnell gefährlich werden und hat nichts in einer sozialen Einrichtung zu suchen!

Pieksen und Ziehen am Fell sollten vor allem dann trainiert werden, wenn der Hund mit in soziale Einrichtungen kommen soll. Bereiten Sie ihn auf alles vor, was ihn erwarten könnte!

Höfliche Begrüßungen

Ihr Hund sollte lernen, wie er bekannte und fremde Menschen begrüßen darf. Anspringen, die Pfoten auf die Schultern legen, das Gesicht ablecken oder im Gesicht schnüffeln ist in den meisten Fällen unangebracht.

Wie der Hund Menschen begrüßen soll, müssen Sie ihm beibringen, und das am besten von Anfang an. Leider lernen die meisten Welpen bereits beim Züchter, dass es sich lohnt, Menschen anzuspringen. Wir finden es süß, wenn das kleine Hundekind seine Freude über uns zeigt, indem es zu uns kommt und uns anspringt. Der Züchter ist stolz, zeigen zu können, dass seine Welpen keine Menschenscheu haben und offen auf Sie zugehen. So lernen die jungen Hunde dieses Verhalten schnell und können nicht verstehen, wenn es auf einmal nicht mehr erwünscht ist.

Wenn Sie Ihrem Hund beibringen möchten, wie er Menschen begrüßen soll, dann ist es zuerst einmal wichtig zu wissen, was er denn tun soll, wenn ein Mensch Kontakt zu ihm aufnimmt. Soll er sich hinsetzen oder legen? Soll er sich freundlich den Menschen zuwenden, aber die Pfoten auf dem Boden lassen? Soll er keinen Kontakt aufnehmen, sondern stattdessen zu Ihnen kommen? Egal was Sie möchten: Sie müssen es dem Hund beibringen!

Training:

Als erstes sollten Sie die Situation gut unter Kontrolle haben. Das heißt, immer wenn Sie einen Menschen treffen, wenn ein Mensch an Ihren Arbeitsplatz kommt, wenn es klingelt und jemand hereinkommt, wenn jemand Kontakt zu Ihrem Hund aufnehmen will, sollten Sie in den Arbeitsmodus gehen. Das erste ist, den Hund anzuleinen und ihn so zu kontrollieren, dass er niemanden anspringen kann. Dann belohnen Sie genau das, was Sie sich vorher überlegt haben. Soll der Hund einfach nur die Pfoten auf dem Boden behalten, darf ansonsten aber Kontakt aufnehmen, dann belohnen Sie genau das mit Futter. Egal, was das Gegenüber macht: Sie füttern den Hund dafür, dass er alle Pfoten auf dem Boden hat.

Trainieren Sie höfliche Begrüßungen an der Bürotür, damit Kollegen und Besucher ungestört hineinkommen können. Eine Schlüsselkompetenz für Bürohunde!

Machen Sie einen Wettkampf daraus und lassen Sie die anderen Menschen mit den Armen fuchteln, sich auf die Schenkel klopfen, den Hund rufen und zum Springen animieren und belohnen Sie den Hund für seine Aufgabe.

Am Anfang müssen Sie schnell sein – schneller als der Hund. Er sollte nicht zum Springen kommen, weil Sie ihn festhalten und fürs Untenbleiben füttern. Wenn Sie das jedes Mal machen und jede Menschenbegegnung nutzen, um zu trainieren, dann haben Sie schnell einen Hund, der die Leute, die zu Ihnen ins Büro kommen, freundlich und unaufdringlich begrüßt.

Trainieren Sie gezielt, dass Ihr Hund andere Menschen nicht anspringen soll, sondern sie höflich mit den Pfoten auf dem Boden begrüßt. Kollegen und Kunden werden es zu schätzen wissen!

„Erzfeind" Briefträger?

Viele Hunde haben ein oft schon sprichwörtliches Problem mit dem Postboten und verbellen diesen wütend. Dem liegt ein Mix aus mehreren Ursachen zugrunde: Zum einen kommt der Briefträger immer nur sehr kurz – er klingelt, gibt die Post ab oder wirft sie ein und geht wieder – , weshalb der Hund schnell auf die Idee kommt, er habe den „Eindringling" durch sein Bellen erfolgreich wieder verjagt. Dazu kommt, dass Zusteller sich häufig noch schnell und hektisch bewegen, weil sie es eilig haben, piepsende Barcode-Scanner dabeihaben, komische Mützen auf dem Kopf oder große Pakete vor sich hertragen. All das kann auf Hunde bedrohlich wirken, und es macht die Sache nicht besser, wenn der Postbote seinerseits aufgrund schlechter Erfahrungen mit anderen Hunden Angst, Stress oder Ablehnung dem Hund gegenüber ausstrahlt.

Training:

Weil Ihr Hund im Arbeitsalltag vermutlich täglich dem Postboten begegnen wird, sollten Sie auch diese Situation trainieren: Wie immer wäre es ideal, wenn dies schon während der Sozialisationsphase im Welpenalter geschehen könnte. Fragen Sie Ihren Postboten oder Ihre Postbotin, ob er oder sie sich einen Moment Zeit nehmen kann, um kurz mit Ihrem Hund zu üben Er oder so sollte Ihren Hund nicht anstarren, sofort anfassen oder sich über ihn beugen, sondern sich im Idealfall sogar seitlich etwas von ihm wegdrehen, ihn nicht anschauen und erst einmal nur an der Hand riechen lassen, während Sie Ihren Hund mit etwas besonders Tollem belohnen. Zeigt sich Ihr Hund aufgeschlossen, können die beiden näheren Kontakt aufnehmen, oder Sie belassen es für diesen Tag dabei und gehen beim nächsten Mal einen Schritt weiter auf Tuchfühlung.

Vielen Hunden ist auch schon geholfen, wenn sie mit dem Postboten Futter verbinden. Hier haben Sie zwei Möglichkeiten.

Immer, wenn der Postbote vor der Tür steht, nehmen Sie etwas besonders Leckeres mit zur Tür. Öffnen Sie die Tür, und sobald der Hund den Postboten sieht, geben Sie ihm die Leckerei.

Wenn die Angst oder Aggression des Hundes nicht zu groß ist, können Sie auch den Postboten mit einbeziehen. In diesem Falle gibt der Postbote dem Hund die Leckerei.

In beiden Fällen verknüpft der Hund den Postboten mit etwas Positivem und wird sich von nun an auf seinen Besuch freuen.

Bitten Sie Ihren Postboten oder Ihre Postbotin um ein paar Minuten Zeit für eine nette Begegnung mit Ihrem Hund, idealerweise schon als Welpe: Ein paar Stückchen Wurst und Streicheleinheiten auf unbedrohlicher Augenhöhe bewirken, dass Postboten, mit denen so viele Hunde Probleme haben, ein Leben lang als etwas Positives abgespeichert werden!

Leckerchen vorsichtig nehmen!

Wenn der Hund viel mit fremden Menschen zusammen ist, dann kommt es auch immer mal wieder zu der Situation, dass diese den Hund füttern wollen oder sollen. Wenn Sie in einer sozialen Einrichtung mit Kindern, Senioren oder beeinträchtigten Menschen arbeiten, ist das Füttern des Hundes ein wichtiger Teil des Miteinanders. Auch wenn Sie Ihren Hund mit an Ihre Arbeitsstätte nehmen, kommt es vor, dass Ihre Mitmenschen fragen, ob sie den Hund füttern dürfen. Wenn der Hund von anderen Menschen gefüttert werden darf, dann ist es wichtig, dass er lernt, das Leckerchen vorsichtig aus der Hand zu nehmen und nicht unkontrolliert nach der Hand zu schnappen. Gerade bei Kinderhänden ist das sehr wichtig!

Training:

Nehmen Sie ein großes Leckerchen in die Hand und halten Sie es zwischen Ihren Fingern fest. Halten Sie es so fest, dass Ihr Hund es sich nicht sofort schnappen kann. Nun halten Sie ihm die Hand mit dem Futter hin. Achten Sie ganz genau darauf, wie der Hund das Leckerchen aus Ihrer Hand nehmen will. Schnappt er danach oder knabbert er an Ihrer Hand, dann bekommt er das Futter nicht! Halten Sie es einfach weiter fest und warten Sie ab, bis der Hund sich zurücknimmt. Geht er leicht mit der Schnauze weg von der Hand bieten Sie ihm das Futter auf der flachen Hand an. Wird er zu grob, dann ziehen Sie die Hand ohne Kommentar zurück und halten sie kurz danach nochmals hin.

Kann Ihr Hund vorsichtig Leckerchen aus der Hand nehmen? Das ist besonders dann wichtig, wenn auch fremde Menschen Ihren Hund füttern werden.

Nimmt der Hund das Leckerchen vorsichtig, sagen Sie Ihr Lobwort und geben es ihm auf der flachen Hand. In den nächsten Durchgängen nehmen Sie immer kleinere Leckerchen, sodass der Hund immer besser aufpassen muss. So lernt der Hund, immer vorsichtiger zu sein. Er lernt, dass er das Futter nicht bekommt, wenn er zu grob ist und danach schnappt. Wenn Sie gerade nicht aufpassen wollen oder können, dann geben Sie dem Hund das Futter einfach aus der flachen Hand, damit er nicht ungewollt lernt, dass er manchmal doch Erfolg mit Schnappen hat.

Dies ist eine sehr wichtige Übung, die Sie bereits mit Ihrem Welpen machen sollten. Vorsichtig sollten Sie sein, wenn Sie einen Hund haben, der nicht so gut mit Frust umgehen kann. Hunde, die in Stress geraten, wenn sie Frust erleben, können mit dieser Übung oft schlecht umgehen und geraten noch mehr in Stress. Wenn Sie einen solchen Hund haben oder sich nicht sicher sind, ob der Hund bei dieser Übung unkontrolliert reagieren kann, wenden Sie sich bitte an einen erfahrenen Hundetrainer!

Räumliche Enge ertragen können, ohne dabei gestresst zu sein

Es kann immer mal zu Situationen am Arbeitsplatz kommen, in denen der Hund etwas „in die Enge getrieben wird". Dies kann eine enge Situation im Aufzug sein, eine Situation, bei der mehrere Menschen ganz eng um den Hund herumstehen oder eine Stelle im Raum, die Sie durchqueren müssen, die nicht viel Platz für Hund und Begegnungsverkehr bieten. Deshalb ist es wichtig, solche Situationen mit dem Hund zu trainieren. Enge kann für Hunde sehr bedrohlich wirken. Aus dieser Bedrohung heraus reagieren sie dann gerne etwas ungehalten und mit für uns unerwünschtem Verhalten.

Training:

Damit der Hund nicht die Nerven verliert, sollte er bereits als Welpe solch enge Situationen erleben. Fahren Sie Aufzug mit Ihrem Welpen, gehen Sie dorthin, wo viele Menschen sind, trainieren Sie enge Begegnungen auf dem Bürgersteig, lassen Sie dem Hund bekannte Menschen einmal sehr nahe an ihn ran kommen - ihn „umzingeln“. Trainieren Sie das mit einem erwachsenen Hund, gehen Sie sehr behutsam vor und überfordern ihn nicht. Dies gilt natürlich auch für einen Welpen, allerdings fällt es einem jungen Hund in der Sozialisationsphase viel leichter, solche Situationen positiv zu verknüpfen, als einem älteren Hund, der vielleicht schon schlechte Erfahrungen oder auch gar keine Erfahrungen auf diesem Gebiet gesammelt hat.

Räumliche Enge und viele Menschen können auf Hunde sehr bedrohlich wirken. Dieser Hund zeigt sein Unbehagen deutlich in seiner Mimik.

Wichtig ist, dass Sie solche Situationen immer fantastisch gut belohnen. Der Hund muss sich auf räumliche Enge freuen und darf keine Angst haben. Gehen Sie immer behutsam vor und überfordern Sie den Hund nicht. Wenn er unzählige solcher Situationen positiv verknüpft hat, kann er eine unverhofft gruselige Situation leichter wegstecken. Dass er dazu in der Lage ist, liegt in Ihrer Verantwortung.

Allein bleiben in fremden Räumen

Das Alleinbleiben ist eine wichtige Fähigkeit, die ein Hund im Alltag lernen muss! Hunde bleiben von Natur aus nicht unbedingt gerne alleine. Sie sind Rudeltiere, die gerne Gesellschaft um sich herum haben möchten. Das ist im heutigen Hundealltag aber nicht immer möglich. Deshalb sollte jeder Familienhund lernen, dass es nicht schlimm ist, wenn er mal für eine Zeit lang alleine ist.

Wenn Sie Ihren Hund mit auf Ihren Arbeitsplatz nehmen möchten, ist dies eine Übung, die Sie unbedingt trainieren sollten! Wenn Sie eine Konferenz haben und der Hund im Büro bleiben muss, der Hund eine Auszeit von den Kindern im Kindergarten braucht, ein Mensch im Friseursalon ist, der allergisch auf den Hund reagiert oder der Hund einfach in einen Nebenraum gehen muss, weil ein Kunde keine Hunde mag, dann sollte der Hund in einem andern Raum warten können, ohne gestresst zu sein.

Um dies leisten zu können, sollte man den Hund von Anfang an daran gewöhnen, dass Alleinsein etwas ganz Normales ist.

Training:

Grundlage zum Alleinbleiben in fremder Umgebung ist das Alleinsein in gewohnter Umgebung. Trainieren Sie also bereits mit dem Welpen, dass er in seinem neuen Zuhause ab und an auch mal alleine ist. Dies können Sie in Ihrem normalen Alltag mit einbauen. Achten Sie darauf, dass der Hund Ihnen nicht immer auf Schritt und Tritt folgen kann. Gehen Sie auch ab und an mal in ein anderes Zimmer, ohne ihn mitzunehmen. Machen Sie immer mal wieder eine Zimmertür zu und lassen Sie den Hund kurz alleine in dem Raum. Gehen Sie ohne ihn auf die Toilette oder bringen Sie kurz den Müll raus. Gehen und kommen Sie, als wäre es das Normalste der Welt. Verabschieden Sie sich nicht und begrüßen Sie den Hund beim Zurückkommen nicht überschwänglich. Für den Hund sollte es nichts Besonderes sein. Wenn er ohne zu weinen in einem Zimmer bleiben kann, dann verlassen Sie mal kurz das Haus. Variieren Sie die Länge des Alleinbleibens und kommen Sie zurück, bevor der Hund in Stress gerät. Fängt er doch einmal an zu weinen oder bellen, dann gehen Sie ohne Kommentar zu ihm und achten darauf, dass dies bei den

nächsten Malen nicht mehr passiert. Gehen Sie zu ihm zurück, wenn er bellt, dann müssen Sie sich darüber im Klaren sein, dass Sie das Bellen mit Ihrem Zurückkommen verstärken. Lassen Sie ihn allerdings bellen, dann kann es sein, dass Sie auf lange Sicht ein Trennungsproblem trainieren!

Nun zum Arbeitsplatz. Trainieren Sie das Alleinbleiben zunächst im gewohnten Arbeitsumfeld, d.h. in dem Raum, in dem sich der Hund meistens befindet, z. B. in Ihrem Büro. Dann weiten Sie das auch auf andere Räume aus. Arbeiten Sie mit dem Hund in einer sozialen Einrichtung, trainieren Sie dort direkt an dem Platz, der für den Hund den Rückzugsort darstellen soll. Lassen Sie den Hund nicht mit den Kindern alleine!

Bringen Sie den Hund am Arbeitsplatz immer mal wieder in ihm fremde Räume und halten Sie sich darin auf. Lassen Sie ihn auch dort kurz alleine. Wichtig ist, immer wieder zurückzukommen, bevor der Hund Stress bekommt. So kann er sich nach und nach daran gewöhnen, dass es völlig normal ist, für eine Weile in einem fremden Raum zurück gelassen zu werden.

Sauberkeit im Büro

Eigentlich versteht es sich von selbst, dass Sie darauf achten, dass Ihre Kollegen nicht durch Verunreinigungen und Gerüche belästigt werden, die durch Ihren Hund entstehen können. Es lohnt sich aber, sich im Vorfeld darüber ein paar Gedanken zu machen.

Was und wie gefüttert wird, haben Sie in der Regel bereits festgelegt. Gegebenenfalls sollten Sie aber die Nahrungsform überdenken.

Wenn Sie Nassfutter anbieten und Ihr Hund nicht zu den Rassen Labrador & Co. gehört, die es sofort einatmen, sondern es sich einteilen, sollten Sie darauf achten, dass es nicht zu lange steht und nach kurzer Zeit nicht nur unattraktiv aussieht, sondern auch so riecht.

Im Büro eignet sich Trockenfutter besser als Nassfutter, da es geruchsärmer ist. Allerdings sollte es dem Hund auch nicht rund um die Uhr zur Verfügung stehen, sondern nur zu festen Zeiten. Wenn er es dann nicht verputzt, räumen Sie es einfach wieder weg. So besteht auch nicht die Gefahr, dass er seine Ressourcen verteidigen möchte, falls jemand seinem Napf zu nahekommt. Wer barft, sollte rohes Hundefutter wegen der Salmonellengefahr nicht im Allgemeinkühlschrank aufbewahren, sondern eher in gut verschließbaren Dosen oder Schraubgläsern mit Deckel mitnehmen. Im Vorfeld sollte auch überlegt werden, wo die Dose gereinigt werden kann. Nicht jeder Kollege findet es hygienisch, wenn sie in der Spülmaschine landet oder in der Kaffeeküche gesäubert wird.

Auch die Frage, wo der Futternapf stehen soll, muss geklärt werden. Möglicherweise kann das Futter im Freien verabreicht werden. Falls nicht, empfiehlt sich eine abwaschbare Unterlage, um Verunreinigungen zu vermeiden. Am unkompliziertesten ist es, seinen Hund einfach morgens und/oder abends zu Hause zu füttern.

Im Gegensatz zum Futter sollte dem Hund jederzeit frisches Wasser zur Verfügung stehen. Die Wasserschüssel muss auf jeden Fall auch täglich gesäubert und frisch aufgefüllt werden. Auch hierfür ist eine Unterlage hygienischer, wenn man nicht jedes Mal die Tropfen auf dem Boden wegwischen will. Kuba zum Beispiel badet immer fast in ihrer Wasserschüssel und hinterher steht das halbe Büro unter Wasser. Für sie ist daher eine große Unterlage unverzichtbar.

Auch der Liegeplatz sollte in regelmäßigen Abständen gereinigt werden, damit sich keine unangenehmen Gerüche bilden. Abwaschbare Körbchen und Microfaser-Decken sind schnell wieder wie neu.

Hilfreich sind in der Umgebung des Hundes (Liegeplatz, Teppichboden etc.) auch spezielle Reiniger, die Gerüche organischen Ursprungs nicht einfach nur überdecken (oder durch parfümierte Zusätze noch unangenehmer machen), sondern durch enzymatische Wirkstoffe effektiv und geruchsfrei abbauen. Unter dem Stichwort „Enzymreiniger" wird man hier im Internet schnell fündig.

Wo Hunde sind, fliegen auch Haare, und besonders beim Fellwechsel im Frühjahr und Herbst können das ziemlich viele sein. Da in den meisten Büros nicht täglich saubergemacht wird, obliegt es dem Halter, dafür zu sorgen, dass es im Arbeitsbereich trotzdem hygienisch zugeht. Man muss also auch mal selbst zum Staubsauger oder dem Besen greifen, um nicht den Unmut der Kollegen heraufzubeschwören. Gott sei Dank gibt es ja Hilfsmittel wie Staubfänger, antistatische Bürsten oder Tücher, mit denen herumliegende Haare schnell beseitigt werden können. Bei Teppichböden, an Sesselkanten oder auch Hosenbeinen eines Besuchers oder Kollegen leistet auch eine Fusselrolle Abhilfe. Ist mal

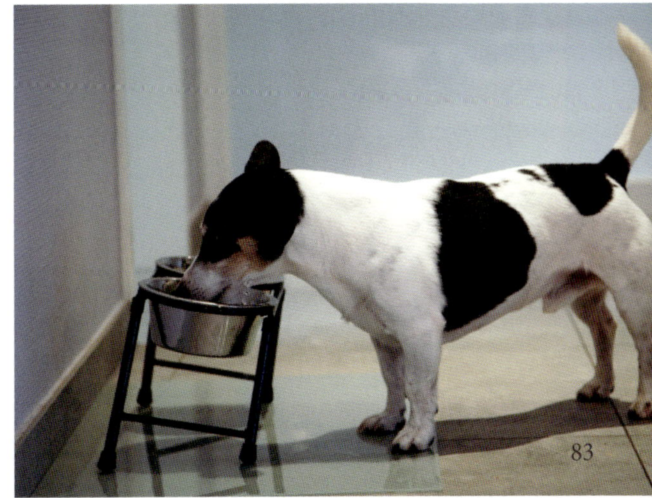

Futter- und Wassernapf sollten auf einer abwaschbaren Unterlage stehen.

keine zur Hand, bietet ein breites Klebeband Ersatz. Mit der Klebeseite nach außen über die Hand gelegt, lassen sich lose Haare schnell und praktisch entfernen.

Auf glatten Böden kann man rasch mal mit einem Staubmagnet die Haare entfernen.

Wenn Ihr Hund liebend gern baden geht und sich sogar ein See oder ein Bach in der Nähe befindet, verlockt das im Sommer in der Mittagspause vielleicht zu einem kurzen Badeausflug. Allerdings „hundeln" die meisten Vierbeiner nach dem Bad, da die Nässe des Fells in Kombination mit der warmen Außentemperatur die Produktion von Hauttalg ankurbelt und zu unangenehmen Ausdünstungen führen kann. Hundehalter sind dagegen wahrscheinlich nicht so empfindlich wie andere Kollegen oder Kunden, aber auch ich finde es – bei aller Liebe zu Kuba – manchmal unangenehm, schon im Flur zu riechen, dass ein Hund da ist. Die Erfrischung im kühlen Nass sollte man daher lieber auf die Zeit nach der Arbeit verschieben, um eine Geruchsbelästigung erst gar nicht aufkommen zu lassen. Auf keinen Fall sollte man den Hund noch zusätzlich shampoonieren und baden, denn dadurch geht der Geruch meist erst recht nicht weg, weil die Talgproduktion nur noch mehr angeregt wird. Wenn er sich allerdings in Schlammpfützen oder anderen für unsere Nasen unliebsamen Gerüchen gewälzt hat, wird Ihr Liebling um ein Schaumbad nicht drumherum kommen. Für die schnelle Abhilfe sorgen hier Trockenshampoos, eine Waschschüssel für die Pfoten oder zumindest ein feuchtes Tuch und ein sauberes Handtuch zum Abtrocknen.

Bei Schmuddelwetter hält ein funktioneller Hundemantel nicht nur den Vierbeiner warm und trocken, sondern auch Teppichboden und Büroeinrichtung sauber.

Besonders bei langhaarigen Hunden kann auch ein Regenmäntelchen zum Einsatz kommen, das Schmutz und Nässe weitestgehend abhält. Besonders hilfreich sind hier Modelle mit einem Bauchlatz, da sie den Hund auch von unten trocken halten.

Ein Freund von mir zieht sogar seinem Border Collie bei Schmuddelwetter einen Regenmantel an, um den Teppichboden in der Firma zu schonen. Das sieht zwar zugegebenermaßen ein bisschen merkwürdig aus und viele Leute wundern sich regelmäßig darüber, aber ihn bewahrt es vor häufigen Renovierungen. Es gibt übrigens mittlerweile eine Fülle von Modellen, Farben und Materialien in der Hundemode. Sei es der sportlich grüne Wachsmantel, die Funktionsklamotte aus Mikrofaser, der Jeansstoff oder rosa Stepp mit Glitzer. So findet jeder etwas Passendes für seine Rasse und seinen Stil.

Und wenn es im Büro trotz allem nach Hund riecht? Verzichten Sie auf Raumlufterfrischer oder -bedufter, diese sind für empfindliche Hundenasen eine Qual und können sogar allergische Reaktionen auslösen. Zusätzlich zum gründlichen Lüften kann ein Schuss Essig im Wischwasser unangenehme Gerüche vertreiben. Ein Geheimtipp zur Neutralisierung von Mief in der Raumluft ist gemahlener Kaffee, in kleine Stoffsäckchen gefüllt und an mehreren Stellen im Raum verteilt: Er wirkt natürlich geruchsneutralisierend. Hat Ihr Hund allerdings grundsätzlich sehr starken Körpergeruch, sollten Sie unbedingt die Fütterung überprüfen lassen.

In einer Agentur wurde der Eingangsbereich kurzerhand mit einem abwaschbaren Anstrich versehen, der bei Bedarf einfach mit einem feuchten Tuch abgewischt werden kann und schon sind alle Schmutzspritzer beseitigt. Im Idealfall kann man sei-

nem nassen Hund das Schütteln auch vor der Tür auf Kommando beibringen. Damit bleibt die größte Nässe schon mal draußen.

Ein gut erzogener gesunder Hund wird sein Geschäft selbstverständlich draußen machen und kann auch gut warten, bis es Gassizeit ist. Aber genauso wie zu Hause kann es mal passieren, dass Ihr Hund Durchfall hat oder dass er sich übergeben muss. Die meisten Hunde versuchen dann, ins Freie zu gelangen, aber manchmal schaffen sie es einfach nicht – vor allem, wenn der Arbeitsplatz im dritten Stock liegt und eventuell sogar der Aufzug benutzt werden muss – und das Malheur passiert drinnen. Da es kein Hund absichtlich macht, sondern weil etwas mit ihm nicht in Ordnung ist und es ihm einfach schlecht geht, nützt es auch nicht, dann zu schimpfen. Versuchen Sie lieber, ihn so schnell wie möglich nach draußen zu bringen oder wenigstens vom Teppichboden fernzuhalten. Manchmal klappt es auch, schnell ein großes Stück Papier parat zu haben und damit den Teppich zu schützen. Anschließend ist sofortiges Reinigen der betroffenen Stelle angesagt, um unangenehme Gerüche oder Flecken gar nicht erst aufkommen zu lassen. Wenn Sie nicht sofort ein geeignetes Putzmittel zur Hand haben, behelfen Sie sich vorerst mit einem Lappen, viel Wasser und etwas Seife und nehmen später die Generalreinigung vor.

Wenn es sich um einen älteren Hund oder einen Welpen handelt, der seinen Urinabsatz nicht mehr oder noch nicht zuverlässig kontrollieren kann, müssen Sie möglicherweise ohnehin öfter raus, um seinen Bedürfnissen Rechnung zu tragen und unliebsame Vorfälle zu vermeiden.

Fazit: *Um die Mitnahme Ihres Hundes nicht am Sauberkeitsaspekt scheitern zu lassen, sollten Sie vorsorglich einen Staubfänger oder kleinen Teppichkehrer am Arbeitsplatz deponieren. So können Sie schnell herumfliegende Haare oder Sand vom Spazierengehen beseitigen. Vermeiden Sie es, einen nassen Hund mit ins Büro zu bringen. Bewährte natürliche Geruchsneutralisierer sind Essig für das Wisch- oder Waschwasser sowie in Säckchen gefüllter Kaffee für die Raumluft.*

Kleidung Indoor und Outdoor

Hundehalter kennen die wundersame Verwandlung vom modebewussten Frauchen zum praktisch veranlagten Gassigänger. Mein Kleiderschrank weist vorwiegend hundetaugliches Material wie Jeans und T-Shirts, flache, bequeme Schuhe, Gummistiefel und Regenmantel auf. Also eher robuste und zweckmäßige Kleidung, die mit dem letzten modischen Schrei wenig zu tun hat.

Aber was tun, wenn ein Termin ansteht, zu dem diese Art der Kleidung so gar nicht passen will?

Petra K. hatte nach dem Mittagessen eine Besprechung mit mehreren Führungskräften. Vorher wollte sie noch eine Runde mit ihrer Hündin Fine gehen. Leider war das Wetter gar nicht dazu angetan, in leichten Sandalen und heller Jacke einen Spaziergang zu machen. Es regnete bereits den ganzen Vormittag und die Wege standen teilweise unter Wasser. Gott sei Dank hatte sie einen langen Regenmantel und Gummistiefel für alle Fälle im Büro, die sich nun als sehr hilfreich erwiesen.

Auch wenn nicht unbedingt ein offizieller Termin ansteht, ist es nicht immer opportun, im bequemen, hundetauglichen Outfit am Arbeitsplatz zu erscheinen. Schließlich will man selbst auch manchmal „anständig" gekleidet sein und sich nicht nur in „Hundeklamotten" sehen. Aber was ist, wenn es draußen plötzlich wie aus Kübeln schüttet – obwohl Smartphone und Wetterapp trockenes Wetter prognostiziert haben – oder sich tagelang pflanzenfreundlicher Landregen etabliert hat?

Es gibt kein schlechtes Wetter, nur unpassende Kleidung. Sicher kennen Sie alle diesen Spruch. Das ist leicht gesagt, aber das Wetter in unseren Breitengraden ist nun mal nicht immer dazu angetan, sich mit Begeisterung draußen aufzuhalten. Wettertaugliche Kleidung hin oder her. Einige Hunde sind wohl der gleichen Meinung wie wir und drehen schnurstracks vor der Tür um, wenn es regnet. Bei unserer Kuba spielt das Nass eine untergeordnete Rolle, denn als echter Labrador und wasserbegeistertes Wesen ist ihr der Regen ziemlich egal.

So lange Kuba klein war, war an helle Hosen, Röcke oder Spitzenblusen ohnehin nicht zu denken. Mittlerweile – sie ist jetzt fünfeinhalb Jahre alt – wage ich mich ab und zu an hellblaue Jeans und leichte Oberteile. Dies sei allen zum Trost gesagt, die glauben, die Zeit für modische Kleidung sei ein für alle Mal vorbei. Allerdings bin ich neulich beim Spaziergang einem jungen Wildfang begegnet, der mich stürmisch begrüßt und beim ausgelassenen Spiel mit Kuba sein Stöckchen an meiner frisch gewaschenen Hose abgewischt hat. Also wieder ab in die Waschmaschine mit dem edlen Teil. Morgen ist wieder die dunkle Jeans dran.

So lange sich derartige Ereignisse am Ende eines Tages und in der Freizeit abspielen, ist keine Panik angesagt. Und wenn es regnet, nimmt man eben einen Schirm oder zieht rasch die Regenjacke und die Gummistiefel an. Unangenehm ist es nur, wenn man in luftiger Kleidung bereits unterwegs ist und vom Regen überrascht wird. Aber auch da ist es in der Regel kein Drama, wenn man nass wird, dann zieht man sich zu Hause einfach wieder andere Kleidung an und stellt die Schuhe zum Trocknen in die Garderobe oder den Keller.

Am Arbeitsplatz kann es dagegen etwas anders aussehen. Hier kann man sich meist nicht schnell mal umziehen, die Schuhe trocknen und barfuß durch die Gegend laufen. Es empfiehlt sich also, entsprechende Kleidung am Arbeitsplatz zu deponieren. Praktisch sind auf alle Fälle Gummistiefel oder Stiefeletten. Auch wenn es nicht mehr regnet, aber der Spazierweg und die Wiese noch nass sind, leisten sie gute Dienste. Wenn man zurück an den Arbeitsplatz kommt, kann man dann wieder die gesellschaftsfähigen Schuhe anziehen. Das gleiche gilt für Regenmäntel und Jacken mit Kapuze. Vor allem für Menschen wie mich sind sie ideal, denn ich mag keine Schirme, die mich ständig mit der Hundeleine behindern oder mit denen man gegen den Wind ankämpfen muss und die meist linksrum gedreht sind. Eine Kapuze schützt zuverlässig vor nassen Haaren und ein längerer Mantel lässt auch die Hosenbeine trocken bleiben. Derart ausgestattet sind auch Gassigänge bei nassem Wetter kein Problem.

***Fazit:** Um auch für unvorhergesehene Witterungsunbilden gerüstet zu sein, empfiehlt es sich, einen langen Regenmantel mit Kapuze, Schirm und Gummistiefel sowie einen Hunde-Regenmantel am Arbeitsplatz zu haben. Je nach Tätigkeit und Anforderungen kann auch ein komplettes, bürotaugliches Ersatzoutfit hilfreich sein.*

Praktisch ist es, für Gassigänge an Regentagen einen langen Regenmantel im Büro zu deponieren.

Besondere Herausforderungen

Trainer-Tipp:

Ruhe bewahren bei optischen und akustischen Reizen und bei hektischen Bewegungen

Je nachdem, an welchen Arbeitsplatz der Hund mitgenommen wird, erwarten ihn die verschiedensten Herausforderungen. Wenn Sie im sozialen Bereich tätig sind – in einer Kindertageseinrichtung, einer Schule oder einem Seniorenwohnheim – kann es auch mal laut und turbulent zugehen. Kinder schreien, toben, spielen wild mit sich bewegenden Objekten, rennen plötzlich los. Senioren fuchteln wild mit den Armen, wenn sie von früheren Erlebnissen berichten und beeinträchtigte Menschen können ihre Körperbewegungen nicht immer so koordinieren, wie sie es sich wünschen. Im Friseursalon gibt es einen lauten Fön und im Bekleidungsgeschäft kann mal ein Kleidungsstück auf den Hund fallen. Auch im Büro kann es mal zu unvorhergesehenen Turbulenzen kommen. Es fällt etwas runter, der Feuermelder piepst, weil die Batterien leer sind, jemand ruft durch den ganzen Flur etwas zu seinem Gegenüber.

In solchen Situationen sollte der Hund Ruhe bewahren und die Nerven behalten. Die meisten Hütehunde reagieren auf bewegte Objekte. Sie möchten rassebedingt hinter dem Ball herlaufen, auch hinter rennenden Kindern oder dem Rollstuhl, der über den Gang fährt. Viele Hunde sind geräuschempfindlich und mögen es nicht, wenn etwas mit lautem Knall zu Boden fällt. Andere Hunde reagieren auf hektische Körperbewegungen und möchten hinter den sich schnell bewegenden Händen herspringen. Oder sie fangen an zu bellen, wenn sie draußen auf dem Flur Geräusche hören. All diese Situationen können gefährlich werden, wenn der Hund dadurch zu sehr in Stress gerät. Deshalb sollte der Hund diese Situationen kennen und mit ihnen umgehen lernen.

Training:

Auch hier ist es natürlich sinnvoll, bereits den Welpen auf solche Situationen vorzubereiten. Aber auch ein bereits erwachsener Hund kann lernen, die Nerven zu behalten.

Nehmen Sie sich wieder fantastisch gute Leckerchen mit und verknüpfen Sie diese Situationen mit dem guten Futter. Immer, wenn Sie etwas wahrnehmen, worauf Ihr Hund reagieren könnte, füttern Sie ihn mit den Köstlichkeiten. Üben Sie Trainingssituationen mit bekannten Menschen und sagen Sie ihnen ganz genau, was sie tun sollen. So können Sie den Hund in kleinen Schritten an fuchtelnde Armbewegungen, rennende Kinder, Schreien oder Stimmen auf dem Flur gewöhnen. Denken Sie sich immer schwierigere Dinge aus, die Ihren Hund aus der Fassung bringen könnten und belohnen Sie ihn für das Ruhe bewahren. So wird Ihr Hund immer souveräner! Wichtig ist, dass Sie das wirklich tun – möglichst bevor der Hund ein Problem damit hat – damit es nicht zu gefährlichen Situationen kommt. Und übertreiben Sie es bitte nicht. Die Situation sollte immer nur so schwer gewählt werden, dass der Hund die Herausforderung meistern kann. Er sollte keinesfalls in Stress geraten oder Angst bekommen!

Gehen an lockerer Leine

Jeder Hund sollte lernen, an lockerer Leine zu gehen. Die Leine am Halsband oder Geschirr sollte das Signal für ihn sein, locker neben seinem Halter zu gehen. Was für den normalen Familienhund schon wichtig ist, ist für den Hund, der mit zur Arbeit genommen wird, noch viel wichtiger. Hier kann es sein, dass Ihnen auf einem engen Flur Menschen entgegenkommen, Sie einen Stapel Ordner in der Hand haben, oder er mit Ihnen treppauf treppab laufen muss. Auch wenn Sie mit einer Kindergruppe zum Spaziergang aufbrechen oder mal einen Kollegen bitten müssen, mit dem Hund Gassi zu gehen, sollte er sich gut an der Leine führen lassen und den Menschen nicht hinter sich herziehen.

Training:

Trainieren Sie mit Ihrem Hund eine gute alltagstaugliche Leinenführigkeit. Er sollte lernen, dass es sich für ihn lohnt, an lockerer Leine mitzulaufen. Belohnen Sie ihn gebührend dafür, dass er brav neben Ihnen geht und bleiben Sie stehen, sobald die Leine stramm wird und er nach vorne stürmt. Wie genau Sie die Leinenführigkeit mit positiver Verstärkung trainieren, finden Sie in vielen guten Büchern beschrieben.

Nun trainieren Sie ganz gezielt die Situationen, die Sie für die Arbeit mit Ihrem Hund an der Arbeitsstelle benötigen. Gibt es viele Treppen in Ihrem Büro? Dann ist es wichtig, dass der Hund lernt, auch dann die Leine locker zu lassen, wenn Sie die Treppe hinauf oder hinunter gehen. Gibt es enge Passagen in dem Gebäude, in dem Sie arbeiten? Müssen Sie öfters mit dem Hund durch Menschengruppen gehen? Gibt es noch andere Hunde an Ihrem Arbeitsplatz? Arbeiten Sie mit Kindern, Jugendlichen, beeinträchtigten oder älteren Menschen zusammen, die den Hund auch an der Leine führen sollen?

Überlegen Sie sich ganz genau, welche Situationen der Hund an der Leine meistern muss und trainieren Sie genau diese Situationen sehr gut. Nur so bekommt der Hund genug Routine, dass er in jeder Situation die Leine locker halten kann und nicht zum Hindernis für Sie und andere wird.

Ihr Hund sollte lernen, in jeder Lebenslage an lockerer Leine zu gehen, auch, wenn Sie Treppen gehen oder Dinge tragen müssen. Das vermeidet Unfallgefahren!

Abruf aus jeder Lebenslage

Jeder Hund, der ohne Leine durch verschiedene Situationen des Lebens läuft, sollte aus dieser auch jederzeit abgerufen werden können. Das ist eine der wichtigsten Grundlagen, die er können sollte. Zum Aufbau eines positiv aufgebauten Abrufsignals können Sie jede Menge gute Literatur finden, zum Beispiel „Komm zu mir" von Chrissi Schranz. Deshalb gehe ich auch hier nicht auf die Grundlagen ein.

Auch an Ihrem Arbeitsplatz sollten Sie in der Lage sein, Ihren Hund aus jeder erdenklichen Situation abrufen zu können. Egal, wie viel um Sie herum los ist, egal, wie abgelenkt der Hund ist, ob ihn jemand ruft oder er etwas Leckeres vom Nachbarschreibtisch klauen möchte – er sollte sofort kommen, wenn Sie ihn rufen.

Training:

Genau wie beim Thema lockere Leine sollten Sie ganz genau überlegen, was Ihnen wichtig ist. Welche Situationen können Sie sich vorstellen, bei denen der Hund ohne Leine ist und ein Abruf nötig sein könnte? Läuft Ihr Hund frei in den Arbeitsräumen umher? Klaut er gerne das Essen der Kinder aus dem Schulranzen oder der Kollegin vom Tisch? Gibt es Kolleginnen oder Kollegen, die Angst vor Hunden oder eine Allergie haben, zu denen der Hund unter keinen Umständen laufen soll?

Genau diese Situationen sollten Sie mit Ihrem Hund trainieren. Stellen Sie Trainingssituationen nach, in denen Sie die Ablenkung gezielt und kontrolliert einbauen. Stellen Sie dem Hund sozusagen Fragen, die er immer mit JA beantworten sollte: Kannst du auch kommen, wenn jemand anderes dich ruft, wenn jemand mit einem Wurstbrötchen vor dir steht, die Kinder wild Fußball spielen und du gerne den Ball haben möchtest? Achten Sie immer auf eine besonders hochwertige Belohnung, wenn Ihr Hund sich aus einer schwierigen Situation abrufen lässt. Nur so werden Sie es schaffen, dass Ihr Hund sich freut, wenn Sie dieses Signal rufen und immer wieder freudig zu Ihnen kommt – egal, was um ihn herum passiert.

Beschäftigung

Wenn der Mittagsspaziergang mal etwas kürzer ausfällt, weil Sie nicht so viel Zeit haben, es draußen in Strömen regnet oder Sie Ihren Liebling im Winter oder einfach mal zwischendurch auslasten wollen, können die Hunde auch drinnen sinnvoll beschäftigt werden. Kuba liebt es zum Beispiel, wenn ich in ihren Futterball einige Leckerlis stecke und sie ihn durch den Raum rollen kann, bis sie herausfallen. Manchmal mache ich es etwas schwerer, indem ich eine alte Socke über den Ball ziehe, die sie erst abziehen muss, um an die begehrten Leckerlis zu kommen.

Gute Aktivspielzeuge können den Hund eine Zeitlang alleine beschäftigen.

Boxerhündin Jette liebt ihren Toppl®, ein Schleckspielzeug, das mit Leckerlis oder Nassfutter befüllt werden kann und lange für Beschäftigung sorgt.

Als Kuba klein war, liebte sie es, mit leeren Plastik-Wasserflaschen zu spielen. Allerdings macht das auf glatten Böden ziemlichen Lärm und ist daher für die Beschäftigung im Büro unter Umständen nicht unbedingt geeignet. Es sei denn, Sie haben Teppichboden. Außerdem kann sich der Hund, wenn er in der „ich fresse alles"- Phase ist, beim Zerbeißen der Flaschen leicht verletzen. Das sollte man auch berücksichtigen, wenn im Büro Pflanzen stehen, die das Interesse Ihres Vierbeiners wecken könnten, aber eventuell giftig für ihn sind wie etwa Clivie, Gummibaum, Philodendron, Weihnachtsstern, Hyazinthen oder Alpenveilchen (s. S. 67). Am besten stellen Sie sie etwas erhöht, damit Ihr Hund gar nicht erst auf die Idee kommt, sich damit zu beschäftigen.

Auch Dinge zu suchen steht bei Kuba hoch im Kurs. Je größer der Raum und je abwechslungsreicher die Versteckmöglichkeiten, desto besser. Wenn Sie ein Einzelbüro haben, können Sie zum Beispiel das Lieblingsspielzeug verstecken oder Leckerlis in Toilettenpapierrollen, die vorne und hinten mit Küchenpapier ausgestopft sind, suchen lassen. Als Versteck eignet sich jede Ecke oder auch mal eine halb aufgezogene Schublade oder die zusammengefaltete Hundedecke.

Wenn nicht so viel Platz zur Verfügung steht, eignet sich auch ein Karton oder ein flacher Plastikkorb, in dem alle möglichen Utensilien gesammelt werden vom Lieblingsstofftier über alte Socken bis zu Toilettenpapier- und Küchenrollen. Mit Servietten oder altem Papier ausgestopft, sind diese zum Auspacken natürlich noch interessanter. Auch zusammengeknülltes Schmierpapier, in dem Leckerlis versteckt werden eignet sich gut, um zeitweise für Schnüffel- und Suchspaß zu sorgen.

Wer ein bisschen Zeit investiert, kann auch einen Schnüffelteppich basteln.

Das geht ganz einfach. Man nehme ein Abtropfgitter und einen Berg schmaler Stoffstreifen. Diese werden durch die Zwischenräume des Gitters gezogen und festgeknotet. Dadurch entsteht ein Teppich mit langen Fransen, in denen sich wunderbar kleine Leckerlis verstecken lassen.

Weitere Ideen für selbstgemachtes Spielzeug findet sich zum Beispiel im Internet unter www.spass-mit-hund.de oder im

Buch *Selbst gemacht* von Martina und Jürgen Schöps.

Allerdings sollte man den Hund beim Spielen nie sich selbst überlassen, sondern immer ein Auge darauf werfen, was er gerade tut, um gegebenenfalls gleich eingreifen zu können, wenn er etwas herunterschlucken will oder sich an scharfen Kanten verletzen könnte.

Was für den einen Hund die Nasenarbeit, ist für den anderen vielleicht das Apportieren. Wenn Sie im Großraumbüro sitzen oder die Türen der Nachbarbüros immer offenstehen, können Sie Ihren Hund ab und zu mit Botengängen beschäftigen, indem Sie ihn mit verschiedenen Dingen zu einem Kollegen schicken (siehe Trainer-Tipp S. 102). Je nach Ras-

Ein „Schnüffelteppich" aus Stoffresten ist ebenfalls eine gute Möglichkeit, den Hund mit der Suche von Futterstückchen zu beschäftigen. Sie können zum Beispiel einen Teil der täglichen Trockenfutterration so geben.

se wird Ihr vierbeiniger Freund die Aufgabe schnell begreifen und seinen Spaß dabei haben. Wenn Sie andere Personen in das Beschäftigungsprogramm einbeziehen, stellen Sie sicher, dass diese sich nicht belästigt oder in ihrer Konzentration gestört fühlen, wenn Kollege Hund ungefragt um Aufmerksamkeit bittet.

Wenn Ihr Hund nervös ist oder abgelenkt werden soll, beruhigt oft eine Kaustange, Wurzel oder ein Ochsenziemer, an dem er längere Zeit herumkauen kann und mit dem Sie gleichzeitig etwas für die Zahnpflege tun. Aus Rücksicht auf Ihre Kollegen sollten Sie aber darauf achten, dass diese Kauartikel nicht zu stark riechen – es muss also nicht unbedingt der getrocknete Pansen sein!

Fazit: *Wenn die Gassirunde mal etwas kürzer ausfallen muss, weil Sie nicht so viel Zeit haben oder Ihren Liebling im Winter, bei Regen oder einfach mal zwischendurch auslasten wollen, können die Hunde auch drinnen sinnvoll beschäftigt werden. Je nach Vorlieben kann dies ein Futterball sein, ein Apportierspiel oder auch ein Kauartikel, der für längere Beschäftigung sorgt. Eventuell können Sie sogar die Kollegen in das Beschäftigungsprogramm einbeziehen.*

Trainer-Tipp:

Tricks, die der Hund am Arbeitsplatz zeigen kann – Nützliches und Nettes:

Es ist einfach nett und kommt oft bei den Menschen in Ihrer nahen Umgebung gut an, wenn der Hund ein paar Tricks auf Lager hat, die er zeigen kann. Damit können Sie Unsicherheiten von Seiten der Kolleginnen und Kollegen entgegenarbeiten und auch Menschen, die nicht so viel mit Hunden zu tun haben, zaubern Sie ein Lächeln aufs Gesicht.

Pfötchen geben:

Viele Menschen fragen sofort: „Kann der Hund auch Pfötchen geben?“ Wenn Sie dies mit JA beantworten können, sind Sie sofort im Gespräch und der Hund hat einen Punkt auf seiner Seite. Schön ist, es wenn der Hund dies auch bei fremden Leuten zeigen kann. Wenn Sie dies noch mit einem passenden Signal belegen, z. B. „Kira, sag Hallo“, dann haben Sie sofort ein schönes Begrüßungsritual etabliert.

Training:

Nehmen Sie ein sehr gutes Leckerchen in Ihre Faust und halten Sie Ihrem vor Ihnen sitzenden Hund die Faust geschlossen auf Brusthöhe. Der Hund sollte das Futter unbedingt haben wollen. Nun warten Sie ab. Der Hund wird aus Neugierde an der Hand schnüffeln. Dies belohnen Sie mit dem Öffnen der Faust und der Freigabe des Futters. Nachdem Sie das ein paar Mal belohnt haben, warten Sie etwas ab. Der Hund bekommt das Futter nicht mehr, wenn er schnüffelt. Schauen Sie auf seine Pfoten und belohnen Sie ihn mit Lobwort und Futter, sobald er eine Pfote etwas nach oben bewegt. Am Anfang reicht ein Zentimeter. Hebt der Hund die Pfote nicht, dann versuchen Sie einmal, die Faust etwas mehr nach rechts oder links zu halten. Durch die Gewichtsverlagerung ist es sehr wahrscheinlich, dass der Hund nun eine Pfote anhebt. Wiederholen Sie das ein paar Mal. Immer, wenn der Hund die Pfote in Richtung Hand anhebt, sagen Sie Ihr Lobwort und öffnen danach die Faust, damit der Hund das Futterstückchen fressen kann. Bei je-

dem Durchgang sollte der Hund die Pfote etwas weiter heben, bis er schließlich mit der Pfote Ihre Hand berührt. Dies belohnen Sie einige Male, bis er es zuverlässig macht. Nun machen Sie dasselbe ohne Futter in der Faust. Nach Ihrem Lobwort bekommt der Hund das Futter aus der anderen Hand. Öffnen Sie die Faust von Mal zu Mal mehr, bis Sie dem Hund die offene Handfläche hinhalten können und er seine Pfote hineinlegt. Nun sagen Sie, bevor Sie die Hand präsentieren, „Sag Hallo" dazu.

Pfötchengeben ist ein netter Trick, um Sympathiepunkte bei Kollegen und Besuchern zu sammeln.

Winken:

Wenn Ihr Hund Pfötchen geben kann, dann können Sie daraus auch ein Winken trainieren. So kann er zum Hallo-Sagen oder Verabschieden auch mit der Pfote winken.

Training:

Lassen Sie Ihren Hund mit dem bekannten Signal Pfötchen geben. Nun halten Sie Ihre Hand so hin, als wollten Sie, dass der Hund seine Pfote in die Hand legt. Sobald die Pfote des Hundes oben ist, ziehen Sie Ihre Hand weg und sagen Ihr Lobwort. So belohnen Sie den Hund für einen „Pfotenschlag" in der Luft. Das machen Sie einige Male, wobei Sie die Hand immer etwas weiter weg vom Hund halten, sodass er auf keinen Fall mit der Pfote die Hand berühren kann.

Das Pfötchengeben können Sie auch zum Winken weiterentwickeln – das kommt besonders gut zum Hallo-Sagen oder zur Verabschiedung an!

Wenn Sie die Hand in einer gewissen Entfernung hinhalten können und der Hund die Pfote hoch und runter hebt, können Sie Ihr Handzeichen in eine Winkbewegung umbauen. Winken Sie erst, und wenn der Hund nicht zurückwinkt, geben Sie kurz darauf Ihr bekanntes Handzeichen. So wird der Hund nach und nach auf das Winken mit Winken reagieren. Wenn Sie ein Wortsignal möchten, dann sagen Sie einfach kurz vor dem Handzeichen Ihr Wortsignal.

Etwas tragen:

Schön und manchmal auch nützlich ist, wenn der Hund etwas tragen kann. So können Sie mit Ihrem Hund durch den Büroflur gehen und ihn auch etwas tragen lassen. In der sozialen Einrichtung kann der Hund den Korb mit seinem Futter oder auch seine Decke selber in den Raum tragen, in dem er eingesetzt wird. Der Hund kann auch einem anderen Menschen etwas bringen – einen Botengang erledigen. Dies sind schöne Aufgaben für den Hund und es kommt bei Kollegen und Klienten gut an. Zum Tragen eignen sich kleine Körbchen, seine Decke, kleine Gegenstände oder auch die extra dafür konzipierte ERNL-Hundetragetasche.

Training:

Nachfolgend einige Tipps, wie Ihr Hund für einfache Apportier-Aufgaben motiviert werden kann.

Wenn er Spaß daran hat, können Sie seine Begabung ja Schritt für Schritt fördern. Im Buch „Dummy-Training Schritt für Schritt" von Viviane Theby und Lisa Peitz finden Sie beispielsweise noch mehr ausführliche Anregungen.

Suchen Sie sich ein Objekt aus, das der Hund tragen lernen soll – z. B. eine ERNL-Hundetragetasche oder eine zusammengerollte Hundedecke. Halten Sie dem Hund den Gegenstand hin und belohnen Sie als erstes ein paar Mal das Interesse daran. Nun halten Sie das Objekt etwas weiter weg und belohnen das Annähern des Hundes an den Gegenstand. Als nächstes soll der Hund das ausgewählte Objekt berüh-

Die ERNL-Hundetasche hat einen speziellen, maulgerechten Griff, mit dem sie sich leicht tragen lässt. Eine nette Idee, um zum Beispiel den Hund kleine Botengänge zu den Kollegen erledigen zu lassen.

ren, bis er es schließlich ins Maul nimmt. Nun belohnen Sie unbedingt dann, wenn der Hund den Gegenstand im Maul hält! Wenn er ihn wieder ausgespuckt hat, ist es bereits zu spät. Formen Sie das Halten immer weiter heraus, bis der Hund es sicher halten kann. Nun fragen Sie Ihren Hund, ob er mit dem Gegenstand im Maul auch laufen kann. Der Hund sollte ihn so lange im Maul halten, bis Ihre Hand den Gegenstand berührt. Erst dann sollte er ihn hergeben, damit er die Tasche oder den Korb nicht unterwegs einfach fallen lässt. Nun stellen Sie dem Hund den Gegenstand vor die Füße und motivieren ihn, diesen aufzunehmen und zu tragen.

Nun müssen Sie nachdenken, was Sie noch weiter trainieren möchten. Soll der Hund den Gegenstand an jemand anderen übergeben? Dann brauchen Sie eine zweite Person im Training, die den Gegenstand in Empfang nimmt.

Soll die Tasche oder der Korb gefüllt sein? Dann müssen Sie das Gewicht darin langsam etwas erhöhen, damit der Hund sich daran gewöhnt.

Etwas vom Boden aufheben:

Wenn etwas herunterfällt, ist es sehr praktisch, wenn der Hund Ihnen das aufheben kann. Dies kann Ihren und Ihren Kollegen im Büro eine

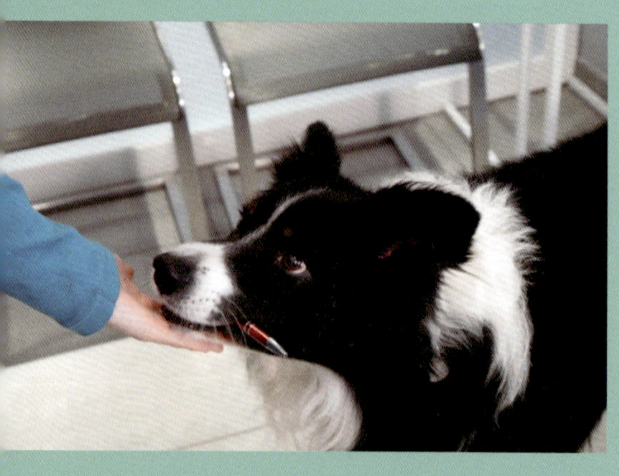

Kuli runtergefallen? Wie praktisch, wenn der Hund ihn aufheben kann!

Hilfe sein und in der sozialen Einrichtung ein Spaß für alle Beteiligten darstellen. Einer meiner Hunde liebt es, im Werkraum des Kindergartens alle heruntergefallenen Papierschnipsel und Buntstifte aufzuheben und den Kindern oder mir in die Hand zu geben. Der Hund hat Beschäftigung und die Kinder haben ihren Spaß. Außerdem macht es Eindruck bei den Kollegen, wenn Sie den Hund schicken können, um den gerade vom Tisch gefallenen Kugelschreiber aufzuheben und dem Kollegen in die Hand zu apportieren.

Training:

Kann der Hund einen Gegenstand vom Boden aufnehmen und apportieren (siehe „Etwas tragen"), dann trainieren Sie genau dies mit vielen anderen Gegenständen. Erst ähnlich große und gut zu packende Gegenstände und nach und nach variieren Sie. Wählen Sie Gegenstände verschiedener Größen und Formen (klein, groß, dick dünn, lang ...). Denken Sie auch an verschiedene Materialien: Stoff, Holz, Papier, Metall, Kunststoff ... Achten Sie darauf, dass Sie von leicht nach schwer trainieren. Beginnen Sie also mit Dingen, die der Hund leicht apportieren kann und mit Materialien, die er gerne ins Maul nimmt. Nach und nach wird es immer schwerer. So kann der Hund mit der Zeit auch kleine Papierschnipsel, Stifte oder auch Münzen vom Boden aufheben und gefahrlos tragen und Ihnen oder einer anderen Person bringen.

„Tür zu!"

Kennen Sie das auch? Ihr Kollege lässt die Tür offenstehen, nachdem er gegangen ist. Oder die Tür steht offen und Sie empfangen gerade ein Telefonat, bei dem Sie nicht gestört werden möchten. Wie praktisch es doch wäre, wenn Sie Ihren Hund schicken könnten und er die Türe schließt!

Training:

Bringen Sie Ihrem Hund als erstes bei, einen gelben Post-It Haftzettel (möglichst groß) oder ähnliches mit der Nase zu berühren. Das machen Sie, indem Sie ihm den Zettel plötzlich kurz vor die Nase halten. Der Hund wird aus Neugierde daran schnüffeln wollen und ihn berühren. Das belohnen Sie mit Lobwort und Futter. Wiederholen Sie dies einige Male, bis der Hund weiß, dass es sich lohnt, das Post-It anzustupsen. Nun heften Sie das Post-It an eine Tür und belohnen den Hund immer wieder für das Anstupsen. Im Laufe des Trainings soll der Hund immer fester stupsen, sodass sich die Tür in Richtung Schloss bewegt. Weiß der Hund, dass es darum geht, die Tür anzustupsen, sagen Sie „Tür zu“ und bauen Sie dazu Entfernung auf, sodass der Hund immer weiter zur Tür laufen muss. Das Post-It lassen Sie im Laufe des Training immer kleiner werden, bis Sie keins mehr brauchen, weil der Hund gelernt hat, die Tür anzustupsen.

Ein guter Job für Bürohunde: Türen schließen!

Diese Trainingsmöglichkeit ist natürlich nur dann sinnvoll, wenn die Tür nach innen in den Raum aufgeht. Geht sie nach außen auf, muss der Hund lernen, sie zuzuziehen. Bringen Sie dem Hund dazu zuerst bei, an einem Spielzeug oder einem Seil zu ziehen. Nun binden Sie das Seil an der Türklinke fest und trainieren mit dem Hund, dass er so lange ziehen soll, bis die Tür ins Schloss fällt. Nun geben Sie vorher das Signal „Tür zu“.

Organisation des Arbeitsalltags

Planung bedeutet Zeitkompetenz

Als Kuba bei uns einzog – ich habe sie mit 12 Wochen bekommen – richtete sich der gesamte Tagesablauf nach ihr. Ich nahm erst einmal zwei Wochen Urlaub, um mich ausreichend um sie kümmern zu können. Schließlich musste sie stubenrein werden, ihre Umgebung kennenlernen und sich in die Familie integrieren.

Mit Hund scheint der Tag um einiges kürzer zu sein, denn es lässt sich nun mal nicht leugnen, dass man zusätzliche Zeit für ihn aufbringen muss. Sei es für Gassigänge, Spielsequenzen oder weil es ihm nicht gut geht und man sich sogar frei nehmen muss, um ihn zum Tierarzt zu bringen.

Dabei muss man die Zeit, die man für seinen Vierbeiner braucht, ja auch erst einmal haben beziehungsweise sich nehmen, denn wer hat schon Zeit „übrig" in unserer von Hektik geprägten Welt? Also gilt es, sie entsprechend einzuplanen. Schließlich soll die eigene Tätigkeit nicht unter dem Kollegen Hund leiden, sondern im Idealfall zu mehr Ruhe und Gelassenheit führen, weil man ihn immer bei sich hat. Das bedeutet, dass Sie Ihren Tagesablauf überprüfen oder gegebenenfalls ändern müssen.

Überlegen Sie sich also: Welche Zeiten und Abläufe müssen Sie mit Hund verändern? Verträgt sich das mit Ihrem Job und den Erwartungen, die an Sie gestellt werden?

Wenn Sie ohnehin ein gut strukturierter Mensch sind, wird Ihnen das nicht schwerfallen. Wenn Sie aber eher spontan reagieren oder öfter den Überblick über Ihre Tätigkeiten verlieren, ist mehr Disziplin gefragt.

Das beginnt bereits mit Ihrer morgendlichen Zeiteinteilung. Müssen Sie eine separate Morgenrunde mit Ihrem Hund drehen und deshalb früher aufstehen, oder können Sie diese mit dem Weg zu Ihrem Arbeitsplatz verbinden?

Meine Freundin Marion kann zu Fuß zu ihrer Arbeitsstätte gehen. Sie nimmt daher ihren Hund morgens mit und bringt auf dem Weg in die Firma auch noch ihren Sohn in die Kita. So hat sie bereits mehrere Aufgaben auf einmal erledigt. Mittags holt sie Jonas auf dem Heimweg wieder ab und hat gleichzeitig mit Luna die Gassirunde gemacht.
Eine Kollegin parkt einfach ihr Auto einige Querstraßen weiter und geht den Rest des Weges morgens und abends durch den Park zur Firma. So hat ihre Hündin jeden Tag einen garantierten Auslauf.

Wie sieht Ihre Mittagspause aus? Essen Sie schnell mal zwischendurch ein Sandwich, gehen Sie in ein Restaurant oder machen Sie einen Spaziergang?

Wenn Sie ohnehin Wert auf mittägliche Bewegung legen, können Sie damit auch Ihrem Hund eine Freude machen und gemeinsam gehen. Dann muss nur noch eine Zeitspanne für Ihre Mahlzeit eingeplant werden.

Wenn Ihre Mittagspause nur eine halbe Stunde dauert, müssen Sie eventuell doch Multitasking praktizieren und während des Spazierganges ein Brötchen essen oder eben nur eine kurze Runde machen und anschließend den Salat am Schreibtisch oder in der Kantine verzehren. Vermeiden Sie aber, dabei nebenbei auch noch Ihre Mails zu lesen, denn dann ist die Erholung, die eine Pause bieten soll, schnell verpufft.

Vielleicht können Sie bei schönem Wetter das Brötchen oder die Obstmahlzeit auch auf einer Bank genießen, während ihr Hund mit anderen Kumpels tobt oder von den mitgehenden Kollegen mit einer Spielsequenz beschäftigt wird.

Wenn Sie nur eine kurze Mittagspause machen können, bedeutet das, dass Sie Ihrem Hund morgens und abends eine längere Runde gönnen sollten.

Ihre Hauptmahlzeit wird dann wohl auch eher am Abend eingenommen werden.

Eine andere Möglichkeit – sofern Ihre Arbeitsbedingungen es zulassen – ist, eine längere Mittagspause zu machen und abends die fehlende Zeit anzuhängen.

Wenn Sie selbständig sind, haben Sie wahrscheinlich weniger Probleme damit, denn Sie können Ihre Zeit selbst bestimmen. Aber Ihr Pensum müssen Sie trotzdem schaffen. Um den Überblick über Ihre Arbeiten zu behalten, ist es hilfreich, den nächsten Tag am Vorabend – gegebenenfalls nur mit groben Zeitleisten – zu planen. Am besten schriftlich. Dann können Sie am einfachsten sehen, ob Sie Ihre geplanten Aufgaben auch bewältigen können.

Planen Sie Ihre Tätigkeiten schriftlich

Schreiben Sie alles auf, was Sie erledigen wollen bzw. müssen - entweder auf ein Stück Papier oder elektronisch in die Aufgabenliste oder Ihren Kalender. Notieren Sie, wie lange Sie voraussichtlich für die jeweilige Arbeit brauchen werden. Dann zählen Sie die Zeiten zusammen. Berücksichtigen Sie dabei, dass Sie in der Regel nur 60% Ihrer Anwesenheitszeit verplanen können. Die restlichen 40% werden Sie vermutlich verplant – durch Anrufe, Mails, spontane Aufgaben Ihres Chefs oder sonstiges unvorhersehbares Tagesgeschäft.

Rechnungen prüfen	30 Minuten
Reiseplanung machen	45 Minuten
Vortrag vorbereiten	60 Minuten
Emails checken	30 Minuten
Hund Gassi gehen	45 Minuten
Besprechung	90 Minuten
	300 Minuten = 5 Stunden

Bei einem klassischen Acht-Stunden-Tag sind Sie mit dieser Zeiteinteilung auf der ziemlich sicheren Seite, um Ihr Pensum zu schaffen und trotzdem noch Zeit für die unvorhergesehenen Tätigkeiten zu haben wie: spontane Besprechungen, „nur mal schnell" die Frage eines Kollegen zu beantworten, etc.

Sollten Ihre geplanten Aufgaben das fünf Stunden Limit übersteigen, müssen Sie Prioritäten setzen:

- was müssen Sie unbedingt am nächsten Tag erledigen (Kerngeschäft: wichtig und dringend)
- was können Sie für einen späteren Zeitpunkt einplanen (wichtig, aber nicht dringend)
- was können Sie evtl. delegieren
- was werden Sie nicht schaffen und müssen es weglassen (evtl. Rückmeldung geben) ?

Aufgaben bündeln

Gleichartige Aufgaben lassen sich gebündelt einfacher und zeitsparender erledigen.

Sie bleiben mit den Gedanken beim gleichen Thema und müssen nicht ständig neue Ordner, Mappen oder Dateien öffnen.

Verringern Sie Spontananrufe. Bündeln Sie Ihre Routineaufgaben und arbeiten Sie gleiche Aufgaben en bloc ab, z. B. Anrufe, Rechnungsbearbeitung, E-Mail Beantwortung etc.

Auch die Verknüpfung verschiedener Tätigkeiten kann Zeit sparen. Ich gehe beispielsweise auf meiner abendlichen Gassirunde am Briefkasten vorbei, um meine Post einzuwerfen. So habe ich zwei Tätigkeiten sinnvoll miteinander verbunden und Kuba hat auch etwas davon.

Schreiben Sie sich Ihre Aufgaben und die dafür voraussichtlich benötigte Zeit auf, um ein besseres Gefühl für Ihre Zeiteinteilung zu bekommen.

Unterscheiden Sie Wichtiges von Unwichtigem

Dinge sofort zu erledigen, wenn sie einem einfallen, auf Anfragen umgehend reagieren oder E-Mails sofort zu beantworten, wenn sie reinkommen, kann ja eine lobenswerte Angewohnheit sein. Es verhindert, dass Dinge vergessen werden oder der Schieberitis zum Opfer fallen. Allerdings hat es auch seine Tücken. Wenn Sie sich jedes Mal ablenken oder aus den momentanen Tätigkeiten herausreißen lassen, müssen Sie immer wieder Zeit investieren, um sich neu einzuarbeiten. Besonders im Homeoffice ist die Gefahr groß „schnell mal" etwas anderes zu machen.

In diesen Fällen ist unbedingte Disziplin angesagt. Dafür ist es hilfreich, die Art der Tätigkeit zu analysieren. Ist sie unaufschiebbar oder können Sie sie für einen späteren Zeitpunkt einplanen, delegieren oder sogar weglassen?

Bei vielen Hundebesitzern hat wahrscheinlich ihr vierbeiniger Freund absolute Priorität. Das ist im Privatleben ja vielleicht vorstellbar, aber im Arbeitsalltag nicht immer durchführbar. Natürlich steht der Hund an erster Stelle, wenn er zum Beispiel zum Tierarzt muss. Aber wenn Ihr Hund gerade Ihre Aufmerksamkeit fordert, während Sie telefonieren oder an einem komplizierten Sachverhalt arbeiten, sollten die Prioritäten anders gesetzt werden. Der Hund sollte dann weder bellen noch sich durch Hochspringen oder andere lästige Aktionen Gehör verschaffen wollen, sondern auf seinen Platz geschickt werden können bis Sie mit Ihrer Arbeit fertig sind und sich ihm widmen wollen. Für Kuba heißt es in dem Fall „Pause" und sie geht auf ihre Decke unter dem Schreibtisch. (s. S. 118).

Teilen Sie Ihre Zeit ein

Wenn Sie im Homeoffice arbeiten oder selbständig sind, können Sie wahrscheinlich selbst entscheiden, wann Sie zu arbeiten beginnen. Wenn Sie angestellt sind oder sich nach anderen richten müssen, haben Sie vielleicht nicht so viele Freiheiten. Aber in allen Fällen gilt es, die Arbeits- und Tagesabläufe stressfrei zu gestalten.

Durch meine Selbständigkeit kann ich mir die Zeit weitestgehend frei einteilen. Da es mir aber wichtig ist, mit meiner Familie morgens zusammen zu frühstücken, stehe ich mit meinem Mann und meiner Tochter jeden Tag um halb sieben auf. Während er mit Kuba die morgendliche Gassirunde geht, richte ich das Frühstück her. Und obwohl ich früher aufstehe, als ich eigentlich müsste – es aber möchte – starte ich immer entspannt in den Tag. Am Wochenende genieße ich dafür auch, etwas länger schlafen zu können.

Wie sieht Ihr Tagesbeginn aus? Trinken Sie in Hektik nur rasch eine Tasse Kaffee, machen schnell eine Runde um den Block und fahren dann mit dem Hund ins Büro in der Hoffnung, dass er alle Geschäfte vorher im Laufschritt erledigt hat? Werden Sie nervös und ärgerlich, weil er gar nicht daran denkt, Häufchen zu machen, sondern nur ununterbrochen und vermeintlich „erst recht" trödelt und an jedem Grashalm schnüffelt? Dann sollten Sie für die Morgenrunde oder den Weg ins Büro vielleicht etwas mehr Zeit einplanen, denn genauso wie sich ungeduldiges Verhalten auf unsere Mitmenschen überträgt und zu einer vermehrten Fehlerquote führt, spüren auch unsere Vierbeiner den Stress und reagieren darauf. Je ruhiger Sie Ihre Arbeitsabläufe und Ihren Tagesplan gestalten, desto entspannter werden Sie sein.

Ein Freund von mir kam neulich abgehetzt zwanzig Minuten zu spät zum Treibballtraining und erzählte atemlos, dass er sich nur kurz hingelegt hatte, dann aber eingeschlafen war und als er aufwachte, schnell zum Auto rannte, um nicht zu spät zum Training zu kommen. An der übernächsten Ampel fiel ihm siedendheiß auf, dass er seinen Hund zu Hause vergessen hatte. Kein Witz!

Fazit: *Planen Sie die Zeit, die Sie für Ihren Vierbeiner brauchen, genauso ein wie Ihre übrigen Aufgaben. Prüfen Sie, welche Wege und Tätigkeiten Sie kombinieren können – zum Beispiel den Weg zur Arbeit zu Fuß zurücklegen und damit gleich eine Gassirunde machen oder die „Botengänge" zu einem Kollegen als Beschäftigungssequenz für den Hund nutzen.*

Setzen Sie Prioritäten und unterscheiden Sie Wichtiges von Unwichtigem.

Planen Sie genügend Zeit ein, um Hektik schon am Morgen zu vermeiden.

Setzen Sie klare Termine

Um den Überblick über Ihre Tätigkeiten zu behalten oder delegierte Aufgaben nachhalten zu können, empfiehlt es sich, klare Termine zu setzen. Das gibt Ihnen und anderen Planungssicherheit.

- Schnellstmöglich
- Baldmöglichst
- Zeitnah
- ... etc. sind zu vage Angaben und nicht wirklich hilfreich.

Termine, die Sie gesetzt bekommen, sollten Sie auch ruhig hinterfragen, wenn Sie selbst viel zu tun haben. Nur so können Sie gegebenenfalls Nein sagen.

Das bedeutet natürlich weder gegenüber dem Chef noch den Kollegen eine Arbeitsverweigerung. Nein sagen heißt: „ja gerne – nur nicht jetzt". Momentan arbeite ich an etwas anderem oder habe etwas anderes geplant. Bei mehreren zeitgleichen Aufträgen bitten Sie eventuell Ihren Vorgesetzten, zu entscheiden, was die höhere Priorität hat und was Sie zuerst machen sollen.

Als ich noch im Angestellten-Verhältnis war, bat mich mein Chef an einem Freitag, noch schnell eine längere Statistik zu erstellen, die er bis nachmittags um 16.00 Uhr haben wollte. Da wir ausgerechnet an diesem Tag Besuch bekamen, passte mir diese zusätzliche Aufgabe überhaupt nicht, denn es bedeutete, dass ich nicht wie geplant um 13.00 Uhr hätte gehen können, sondern länger bleiben musste. Also fragte ich ihn, warum dieser Termin für ihn so wichtig sei. Als Begründung sagte er mir, dass er am Montag morgen um 8.00 Uhr ein Meeting hätte und dafür die Zahlen brauchte. Da ich am Wochenende nichts Besonderes vorhatte, schlug ich vor, die Statistik ausnahmsweise am Samstag zu erstellen, sodass er sie auf jeden Fall am Montag pünktlich auf dem Tisch hätte. Damit war er einverstanden und es war uns beiden geholfen.

Hätte ich den Termin nicht hinterfragt, wäre ich ganz schön in Stress geraten. Und das ohne Not. Oft geben Menschen einen engen Termin vor, um sicher zu sein, dass die Arbeit auch erledigt oder nicht vergessen wird. Deshalb empfiehlt es sich immer, mal nachzufragen, wie bindend die Terminvorgabe überhaupt ist. Damit bekommt auch das Neinsagen eine andere Qualität.

Formulierungen für das Neinsagen:

„Könnten Sie mal schnell__________“ Natürlich gern, ich kann Ihnen die Daten bis heute Nachmittag um ___:___ Uhr liefern.

Ja, gern, wann ist denn Ihr allerletzter Termin?

Momentan leider nicht, aber Sie finden die Information
– im Internet
– im Ordner im Schrank
– im Intranet
– etc.

Bitte schreiben Sie mir doch eine Mail, dann habe ich den Sachverhalt komplett und kann prüfen, wie lange die Bearbeitung Ihres Anliegens dauern wird.

Es tut mir leid, momentan habe ich keine Zeit. Bitte kommen Sie doch um … wieder oder legen Sie mir die Sachen mit einem Vermerk ins Eingangskörbchen, ich kümmere mich dann heute Nachmittag gerne darum.

Gern, in einer Viertelstunde habe ich Zeit für Sie.

Neinsagen hat allerdings nicht immer nur etwas mit dem Chef oder den Kollegen zu tun, auch dem Hund gegenüber ist es manchmal angebracht.

Kuba hat eine ziemlich genau gehende innere Uhr und weiß, wann wir meist Gassi gehen oder es Zeit für ihr Fressen ist. Dann kommt sie und stupst mich mit der Nase an, um mich zu erinnern, dass sie nun dran ist.

Manchmal hat sie aber auch zwischendurch das Bedürfnis nach Beschäftigung. Und je nachdem, was ich gerade mache, gebe ich ihr nach oder muss eben auch Nein sagen. Sie akzeptiert das zwar auch und legt sich klaglos wieder auf ihren Platz, aber ich habe manchmal ein schlechtes Gewissen, denn wer kann den treuen Hundeaugen schon hartherzig widerstehen? Wenn ich allerdings jedes Mal meine Tätigkeit unterbrechen würde, nur um mit ihr zu spielen, sie zu streicheln oder mich einfach mit ihr zu beschäftigen, würde meine Tagesplanung ganz schön durcheinandergeraten.

Voraussetzung dafür, dem Hund auch einmal „Nein“ zu sagen, ist natürlich, dass seine Bedürfnisse wie sich regelmäßig draußen lösen können, frisches Wasser zur Verfügung und ausreichend Bewegung/Beschäftigung etc. zu haben, grundsätzlich erfüllt werden.

Wie Sie Ihrem Hund ein Signal beibringen können, das bedeutet „ich kann mich jetzt gerade nicht um dich kümmern, bitte beschäftige dich selbst“ lesen Sie im nachfolgenden Trainertipp.

Fazit: *Neinsagen im Job bedeutet natürlich keine Arbeitsverweigerung. Es heißt „ja gerne – nur nicht jetzt.“ Bieten Sie Alternativen für die Erledigung an und setzen Sie klare Termine für die Fertigstellung.*

Auch Ihrem Hund gegenüber kann es notwendig sein, Nein zu sagen. Das sollte er dann auch ohne Diskussionen akzeptieren und sich auf seinen Platz schicken lassen.

Trainer-Tipp: „Jetzt nicht!“

Kennen Sie das auch? Sie möchten etwas arbeiten oder telefonieren und Ihr Hund bringt Ihnen ein Spielzeug, stupst Sie immer wieder an oder bellt. Er möchte Aufmerksamkeit, wenn es gerade fehl am Platz ist.

Oft wird dieses Verhalten ganz unbewusst trainiert. Der Hund lernt, dass aufmerksamkeitsheischendes Verhalten sich in bestimmten Situationen lohnt. Nämlich immer dann, wenn wir es gerade nicht gebrauchen können, belohnen wir das Verhalten unbewusst, indem wir darauf eingehen. Alles, was Sie tun, wenn der Hund das unerwünschte Verhalten zeigt, ist belohnend! Egal, ob Sie ihn ansprechen, damit er leise ist, ihm ein Spielzeug werfen oder einen Kauknochen geben, damit er gerade nicht nervt oder ob Sie schimpfen und ihn wegschubsen, weil Ihnen der Kragen platzt. All das ist Aufmerksamkeit – und das ist eine der größten Belohnungen für den Hund. So lernt er, dass es sich lohnt, in bestimmten Situationen „zu nerven“. Das kann am Arbeitsplatz ganz schön störend sein!

Training:

Um dem vorzubeugen, ist es wichtig, dass Sie immer wieder das Richtige belohnen, bevor der Hund sich das unerwünschte Verhalten angewöhnt hat. Überlegen Sie sich, was der Hund machen soll, wenn Sie telefonieren, am Computer arbeiten, mit Kollegen sprechen… und geben Sie Ihrem vierbeinigen Mitarbeiter genau für dieses Verhalten immer wieder Aufmerksamkeit. Wenn er also ruhig auf seinem Platz liegt, während Sie eine Besprechung haben, er sich mit seinem Kauspielzeug beschäftigt, wenn Sie telefonieren oder er sich einfach zu Ihren Füßen legt, wenn Sie am Schreibtisch arbeiten, belohnen Sie ihn genau dafür. Werfen Sie ihm ein Leckerchen zu, streicheln Sie ihn ruhig oder sprechen Sie ihn ruhig und lobend an. Wenn Sie diese Situationen immer wieder belohnen, wird der Hund sie auch immer wieder zeigen.

Sie können aber auch ganz gezielt ein Signal einführen, was bedeutet „Jetzt kann ich nicht, beschäftige dich alleine und stör mich gerade nicht".

Dazu warten Sie eine Situation ab, in der der Hund von sich aus zu Ihnen kommt. Schauen Sie ihn nett an und sagen Ihr Signal, zum Beispiel „Jetzt nicht". Dann drehen Sie sich demonstrativ weg und gehen weiter Ihrer Arbeit nach. Wendet der Hund sich von Ihnen ab und legt sich hin oder beschäftigt sich alleine, können Sie ihn wieder ruhig loben. Ruhig deshalb, weil Sie ihn nicht aus der Ruhe bringen sollten. Wenn Sie freudig juchzen und ein Spielzeug werfen, ist es vorbei mit der Ruhe. Deshalb wählen Sie für diese Aufgabe eine Belohnung, die den Hund in seiner Ruhe bestätigt. Wenn er sich zurückgezogen hat und Sie mit Ihrer Arbeit fertig sind, rufen Sie ihn wieder zu sich und lösen die Situation damit auf.

Haben Sie einen Hund, der bereits gut gelernt hat, dass „nerviges" Verhalten lohnend ist, müssen Sie noch kleinere Trainingsschritte machen. Zum Übergang ist es dann hilfreich, wenn der Hund es bereits kennt, auf seinen Platz geschickt zu werden. Kommt der Hund und sucht Kontakt zu Ihnen, sagen Sie „Jetzt nicht" und schicken ihn auf seinen Platz. Belohnen Sie ihn dafür, dass er dort liegen bleibt und lösen Sie die Situation auf, bevor er von alleine seinen Platz verlässt. Machen Sie das immer wieder, bis der Hund auf das Signal „Jetzt nicht" zu seinem Platz geht. Legt der Hund sich dann mal neben seine Decke oder auf einen ganz anderen Platz, ist es nicht so schlimm. Belohnen Sie ihn trotzdem, da er ja „tun kann, was er möchte, Hauptsache, er lässt mich gerade in Ruhe". Überlegen Sie sich, was der Hund auf das „Jetzt nicht"-Signal tun soll und belohnen Sie das.

Wenn Sie das immer und immer wieder machen und zusätzlich die ruhigen Momente belohnen, bekommen Sie schnell einen Hund, der auf das Signal „Jetzt nicht" von Ihnen weggeht und Sie für den Moment nicht stört.

Notfalllösung: *Falls Sie noch nicht fertig sind mit dem Training und der Hund in einer wichtigen Situation ein aufmerksamkeitsheischendes Verhalten zeigt, können Sie folgendes tun: Machen Sie irgendetwas, das nichts mit dem Hund zu tun hat, um ihn dazu zu veranlassen, sein Verhalten zu unterbrechen. Gehen Sie zum Beispiel zur Tür und tun Sie so, als ob jemand käme, rufen Sie laut „Hallo", lassen Sie Ihren Schlüsselbund in einigen Metern neben dem Hund fallen, kramen Sie im Papierkorb. Tun Sie irgendetwas, das den Hund neugierig macht und achten Sie dabei nicht auf ihn. Unterbricht er sein Verhalten, können Sie einige Sekunden warten und ihn dann wieder für das erwünschte Verhalten belohnen, indem Sie ihn füttern oder ihm ein Kauspielzeug geben. Das sollten Sie allerdings nur sehr selten machen, damit der Hund dies nicht als neue Strategie lernt.*

Ping,
Ping

Arbeitsabläufe

Geht es Ihnen auch manchmal so? Sie beginnen eine Arbeit, werden durch einen Anruf unterbrochen, beginnen die nächste Arbeit, ohne die erste abgeschlossen zu haben, spielen schnell eine Runde mit dem Hund, machen sich einen Kaffee und geraten bis zum Abend in ein Chaos unerledigter, angefangener Arbeiten. Das muss nicht sein, erfordert aber eine Arbeitsorganisation, die einfach und praktisch ist sowie eine Portion Selbstdisziplin.

Versuchen Sie immer, eine angefangene Arbeit zu beenden (heißt nicht unbedingt abzuschließen) aber Unterlagen wegzuräumen oder Dateien zu speichern, bevor Sie eine andere Aufgabe beginnen.

Räumen Sie spätestens nach dem Telefonat die Papiere beiseite, legen sie wieder in der Hängemappe oder im Ordner ab und terminieren Sie sich die weitere Vorgehensweise. Sie vermeiden dadurch, dass Ihnen Schriftstücke ungewollt in andere Akten rutschen oder Dateien versehentlich gelöscht werden. Widmen Sie sich erst dem Hund für eine kurze Spieleeinheit, wenn Sie die vorher angefangene Arbeit beendet haben.
Ordnen Sie alle Schriftstücke und Dateien sofort zu und entscheiden Sie bei jeder Arbeit, was Sie damit machen wollen:

- sofort erledigen (5-Minuten-Arbeiten)
- für einen späteren Zeitpunkt einplanen (Wiedervorlage)
- Ablegen

Diese Vorgehensweise gilt auch für Ihre Arbeiten am PC z. B. mit E-Mails. Entscheiden Sie immer sofort, ob Sie die Mail

- sofort lesen und bearbeiten wollen
- für einen späteren Zeitpunkt einplanen
- ablegen
- löschen wollen.

So vermeiden Sie, am Tagesende unendlich viele Emails im Posteingang zu haben und dadurch den Überblick zu verlieren, denn Ihr Posteingang ist am Ende des Tages leer.

Setzen Sie für alle Aufgaben Deadlines. Das gibt Ihnen und

anderen Orientierung. Damit entscheiden Sie über die Termine und nicht die Termine über Sie.

Vermeiden Sie die bloße Nennung einer Kalenderwoche, sondern definieren Sie einen konkreten Tag. „Ich möchte die Liste bis Montag, 4.6. haben" schafft Klarheit in der Zusammenarbeit und erspart Ihnen Rückfragen. Außerdem gibt es anderen die Möglichkeit Rückmeldung zu geben, falls ein Termin nicht eingehalten werden kann.

Wenn Sie einem Termin zugestimmt haben, sollten Sie ihn auch einhalten. Das erhöht Ihre Kompetenz und ist auf Dauer ein gutes Beispiel für alle anderen.

Setzen Sie Prioritäten, damit Sie die richtigen Dinge zum richtigen Zeitpunkt tun.

Setzen Sie Prioritäten nicht nur unter zeitlicher Dringlichkeit, sondern vor allem unter dem Aspekt der Wichtigkeit Ihres Kerngeschäftes.

Wichtige Dinge sind selten dringend und können in der Regel eingeplant werden.

Planung ist eine wichtige Voraussetzung, um nicht in Stress zu geraten und zeitsparend und mit dem größten Nutzen Ergebnisse zu erzielen. Sollten Sie trotzdem mal in Stress geraten ...

1. Beißen Sie sich nicht an Kleinigkeiten fest. Unterscheiden Sie Wichtiges von Unwichtigem (Prioritäten).
2. Geben Sie nicht ständig anderen die Schuld, wenn etwas schiefläuft. Bewerten und urteilen Sie nicht pausenlos.
3. Übernehmen Sie Verantwortung für Ihr Handeln aber geben Sie auch nicht ständig sich selbst die Schuld, wenn etwas nicht so läuft, wie Sie es sich vorstellen oder gewünscht haben.
4. Betrachten Sie Belastungen als Herausforderungen. Begreifen Sie schwierige Lebenssituationen als Entwicklungschance und suchen Sie im vermeintlich Schlechten auch das Gute. Sehen Sie darin Anstöße, längst fällige Probleme zu lösen oder neue Wege auszuprobieren.
5. Akzeptieren Sie Realitäten. Pflegen Sie Ihre Träume und Wunschvorstellungen, aber verrennen Sie sich nicht in ihnen.
6. Vergeben und verzeihen Sie. Auch sich selbst. Entlasten Sie sich konsequent von kräftezehrenden und blockierenden Gefühlen des Gekränktseins, des Grolls und des Nachtragens.

7. Verschwenden Sie Ihre Kraft nicht an die Fehler der Vergangenheit, sondern suchen Sie Lösungen für die Zukunft.
8. Erledigen Sie unangenehme Aufgaben möglichst sofort oder zu Beginn des nächstens Tages. Es gibt keine bessere Zeit, als es jetzt zu tun!

Fazit: *Wirkliche Zufriedenheit erreichen Sie, wenn Sie einige wichtige Aufgaben erledigt haben und nicht, wenn Sie eine Vielzahl dringender unwichtiger Aufgaben hinter sich gebracht haben.*
Schließen Sie immer eine angefangene Arbeit ab, bevor Sie eine andere beginnen.
Entscheiden Sie immer sofort, was Sie mit einer Aufgabe tun wollen: Erledigen Sie unangenehme Aufgaben möglichst zu Beginn des Tages.
Setzen Sie klare Termine und geben Sie Rückmeldung, wenn Sie eine Arbeit nicht termingerecht schaffen.

Arbeitsunterbrechungen

„Andauernd werde ich bei meiner Arbeit gestört – so komme ich ja nie weiter …"

Das ist auch eine Befürchtung, die Arbeitgeber oft haben, wenn es um die Entscheidung eines Hundes am Arbeitsplatz geht.

Allerdings liegt das meist nicht am Hund, sondern an der eigenen Arbeitsweise. Wer sich für alles zuständig fühlt – auch für Aufgaben, die nicht seine Kernarbeit betreffen – und jederzeit für Fragen und Wünsche anderer zur Verfügung steht, kann nicht konzentriert an einer Sache arbeiten.

Aber es gibt selbstverursachte und fremdverursachte Störungen. Stellen Sie zuerst Arbeitsunterbrechungen ab, die Sie selbst verursachen oder beeinflussen können.

Eigenverursachte Störungen

Vermeiden Sie, verschiedene Arbeiten gleichzeitig zu beginnen, ohne sie zu Ende zu führen. Multiworking mag spannend sein, aber nicht entspannend. Sie hüpfen dann mit den Gedanken ständig von einem Thema zum anderen, denn wir können uns nicht gleichzeitig auf mehrere Aufgaben konzentrieren. Telefonieren und dabei die Mails lesen führt zu einer höheren Fehlerquote, nicht aber zu einer schnelleren Bearbeitung.

Nehmen Sie sich ein Beispiel an Ihrem Hund. Er wird nicht fressen und gleichzeitig einem Ball nachjagen oder noch kauend einen Besucher begrüßen, sondern eins nach dem anderen tun.

In vielen Unternehmen herrscht die Kultur der offenen Bürotür. Das verbessert vielleicht in dem einen oder anderen Fall die Kommunikation, durch die Bewegung vor Ihrer Tür wird Ihre Aufmerksamkeit aber ständig abgelenkt und Sie vermitteln den Eindruck, jederzeit gestört werden zu dürfen. Vor allem, wenn Ihr Hund mit im Büro ist, besteht auch die Gefahr, dass er auf jede Bewegung im Flur reagiert. Im lästigsten Fall sogar mit Bellen. Auch Kollegen, die vorbeikommen und den Hund nur mal schnell streicheln wollen – weil er doch gerade so lieb guckt – oder Besucher, die entzückt sind vom vierbeinigen Kollegen und auf die der Hund freudig und überschwänglich reagiert. Schließen Sie also wenn möglich die Tür, um ungestört arbeiten zu können. Je nachdem, wie Ihr Hund auf Fremde reagiert, kann man auch das Bild seines Vierbeiners an der Tür anbringen. Dann sind Besucher nicht überrascht, einen Hund bei Ihnen anzutreffen oder melden sich einfach vorher an.

Obwohl ich schon so lange selbständig bin, muss ich mich hin und wieder trotzdem noch disziplinieren, um nicht von „Hölzchen auf Stöckchen" zu kommen. Vor allem, wenn ich über etwas nachdenke und meine Blicke durch die Gegend schweifen lasse. Bestimmt fällt mir dann auf, dass ich die Blumen noch gießen oder längst schon den Eingangsbereich fegen wollte. Und die Wäsche könnte ich eigentlich auch schnell bügeln. Und wenn Kuba dann auch noch kommt und mich zum Spielen auffordert oder Gassi gehen möchte, bin ich manchmal allzu schnell bereit, nachzugeben. Dann kann meine Tagesplanung ganz schön durcheinandergeraten und ich muss mich am Riemen reißen, um wieder konzentriert zu arbeiten.

Fremdverursachte Störungen

Wenn Sie sich voll auf eine Aufgabe konzentrieren wollen, müssen Sie Ruhe haben. Vielleicht können Sie den Anrufbeantworter einschalten oder Ihr Telefon für kurze Zeit auf die Zentrale oder einen Kollegen umstellen. Dann bekommt der Anrufer auch gleich die Auskunft, wann Sie wieder erreichbar sind.

Anders als in der Firma, wo Sie das Telefon möglicherweise umstellen können, haben Sie als Selbständiger nur zwei Möglichkeiten: abnehmen oder es klingeln lassen. Immerhin können Sie den Anrufbeantworter einschalten.

Heutzutage ist ein Anrufbeantworter keine unüberwindliche Hürde mehr. Schalten Sie ihn also wenn möglich ein und widmen Sie sich dann Ihrer geplanten Tätigkeit. Idealerweise können Sie Ihre Ansage mit dem Hinweis versehen, wann Sie wieder erreichbar sind, damit sich der Anrufer eventuell später wieder melden kann. Oftmals ist das leider zu aufwändig und es bleibt bei der Aufforderung, eine Nachricht zu hinterlassen. Den versprochenen Rückruf sollten Sie dann aber auch unbedingt vornehmen.

Kaum habe ich mich wieder in mein Thema eingearbeitet, steht Kuba erwartungsvoll vor mir. Ein Blick zur Uhr zeigt mir, dass Gassizeit ist. Aber ich bin gerade so schön drin. Aber es hilft nichts, Kuba fordert ihr Recht und stupst mich immer wieder mit der Nase an. Bis ich aufgebe, mich anziehe und eine Runde mit ihr gehe. Beim Spaziergang frage ich mich, warum ich nicht Nein gesagt habe und mit ihr gehe, wenn ich meine Arbeit abgeschlossen habe.

Fazit: *Es gibt selbstverursachte und fremdverursachte Störungen. Stellen Sie zuerst Arbeitsunterbrechungen ab, die Sie selbst verursachen oder beeinflussen können. Schließen Sie die Bürotür und sorgen Sie dafür, dass Ihr Hund die nächste Zeit entspannt auf seinem Platz bleiben kann. Schalten Sie wenn möglich den Anrufbeantworter ein oder stellen das Telefon auf einen Kollegen oder die Zentrale um. Lernen Sie, Nein zu sagen.*

Troubleshooting: Wenn Probleme auftreten

Sie haben alles gut durchdacht und vorbereitet, sich mit Chef und Mitarbeitern geeinigt - und nach einiger Zeit läuft doch nicht mehr alles so, wie Sie es sich vorgestellt haben, sei es von Hunde- oder von Kollegenseite. Dann, es kühlen, Kopf zu bewahren und die Situation zunächst genau zu analysieren, um konstruktive Lösungswege zu finden.

Probleme mit den Kollegen

Nicht nur der Hund kann plötzlich Probleme machen, auch neue Mitarbeiter oder geänderte Konstellationen langjähriger Kollegen können neue Maßnahmen erfordern. Manchmal sind die Auslöser im Verhalten des Hundes aber gar nicht der Grund für den Unmut anderer, sondern haben tiefere Hintergründe.

Die Firma meiner Freundin Karin brauchte Verstärkung. Die Arbeit wurde immer mehr, eine Kollegin war schwanger und wollte ein Jahr in Elternzeit gehen und ein Mitarbeiter ging in Rente. Deshalb entschied der Chef, eine neue Mitarbeiterin einzustellen, die dann mit im Büro von Karin sitzen sollte. Bei den Einstellungsgesprächen dachte niemand daran, auf Fanny, die Hündin in ihrem Büro, hinzuweisen. Sie begleitete Karin schon einige Jahre an den Arbeitsplatz und gehörte einfach dazu. Als dann der erste Tag der neuen Kollegin da war, erstarrte sie förmlich zur Salzsäule, als sie ihren neuen Arbeitsplatz sah. Sie hatte nämlich panische Angst vor Hunden. Da nützte es auch nichts, dass Fanny gut sozialisiert und absolut brav war. Die neue Mitarbeiterin konnte gegen ihre Angst nicht an.

Da sie den Job aber gerne haben wollte, erklärte sie sich bereit, eine Anti-Angst-Therapie zu machen. Bis dahin überlegte sich der Chef eine Konstellation, in der die neue Kollegin keine unmittelbaren Begegnungen mit dem Hund aushalten musste. Sie bekam vorerst einen Arbeitsplatz in einem anderen Büro. Zur Freude aller hatte die Therapie Erfolg. Die neue Kollegin ist zwar keine Hundeliebhaberin geworden, aber sie hat auch keine Angst mehr – zumindest nicht vor Fanny.

In einem anderen Fall führte der Hund eines Kollegen zum Ausbruch eines Konfliktes zwischen zwei Mitarbeitern. Dadurch, dass Herr K. Lo-

ki mit ins Büro nehmen durfte, fühlte sich Herr S. benachteiligt, weil er meinte, dass sein Kollege nun weniger arbeitete, weil er durch den Hund öfter abgelenkt sei und durch die Gassigänge mehr Zeit aufwenden müsste. Der Hundebesitzer hingegen bemängelte, dass Herr S. schließlich Raucher sei und deshalb bereits seit Jahren öfter Pausen machte.

Bevor dieser Konflikt eskalierte, erinnerte sich der Chef an den Einsatz des SK-Prinzips und dass es nicht nur für die Abstimmung in Gruppen geeignet war, sondern auch zur Deeskalation zwischen zwei Partnern eingesetzt werden konnte.

In diesem Fall war die Ausgangslage klar und die übergeordnete Fragestellung bereits festgelegt: „Wie können wir einen Konflikt vermeiden und beiden Kollegen gerecht werden?"

Durch die Informations-Runde und die offene Darstellung der individuellen Sichtweisen wurde klar, dass Herr S. befürchtete, dass in Zukunft einiges an Mehrarbeit auf ihn zukommen würde, wenn Herr K. durch seinen Hund von der Arbeit abgelenkt oder mehr Pausen für Gassigänge machen würde.

Herr K. dagegen fand es ungerecht, dass ausgerechnet Herr S. gegen die Mitnahme seines Hundes war, obwohl dieser durch seine diversen Rauchpausen seiner Meinung nach viel Zeit verschwendete.

Sowohl der Vorgesetzte als auch die beiden Mitarbeiter machten nun Vorschläge zur Lösung des Problems:

1. Herr S. sollte seinen Hund zu Hause lassen
2. Herr K. verzichtet auf das Rauchen
3. Jeder der Herren arbeitet seine Pausenzeiten nach
4. Beide Herren gehen wenn möglich gemeinsam mit dem Hund spazieren (so kommt jeder auf seine Kosten, weil Herr K. während des Spazierganges rauchen kann)

Vorschläge	*Herr K.*	*Herr S.*	*Vorgesetzter*	*WIST*	*Rangfolge*
1	7	10	4	21	
2	9	8	3	20	
3	5	4	2	11	2
4	2	0	1	3	1

Es stellte sich heraus, dass der Vorschlag des gemeinsamen Gassi- und Rauch-Spaziergangs die beste Lösung für alle war und der Konflikt so beigelegt werden konnte.

Probleme mit dem Hundeverhalten

Trotz guter Vorbereitung kann es dazu kommen, dass Ihr Hund sich am Arbeitsplatz nicht benimmt, wie gewünscht. Das wahrscheinlich häufigste Problem dabei ist das Bellen, wenn jemand klingelt, anklopft oder den Raum betritt. Je nach rasse- und wesensbedingter Veranlagung des Hundes und gemachten Vorerfahrungen kann das ziemlich störende Ausmaße annehmen. Trainerin Michaela Hares erklärt, wie Sie diesem und anderen Problemen effektiv begegnen können.

Trainer-Tipp:

Der Hund bellt, wenn jemand den Raum betritt:

Es gibt einige Hunderassen, die eher dazu neigen zu bellen als andere, wenn jemand den Raum betritt. Manchmal hat das etwas mit der Erregungslage zu tun oder auch mit Territorialverhalten oder Unsicherheit. Warum auch immer Ihr Hund bellt, wenn jemand den Raum betritt oder er etwas draußen auf dem Flur hört, Sie sollten daran arbeiten.

Wichtig bei jedem Problemverhalten ist, dass Sie sich ganz klar vorstellen, was Ihr Hund in der Situation stattdessen tun soll! Behalten Sie den Fokus auf dem Positiven und benennen Sie nicht immer das Negative. So können Sie sich auch besser vorstellen, was zu tun ist. Ihr Ziel ist also: „Der Hund soll ruhig bleiben, wenn jemand den Raum betritt."

Training:

Nun sollten Sie Ihren Vierbeiner genau dafür belohnen! Bewaffnen Sie sich mit besonders gutem Futter und füttern Sie den Hund jedes Mal, wenn jemand in den Raum kommt und er noch ruhig ist. Dazu müssen Sie anfangs schnell sein! Wenn er schon bellt, ist es zu spät. Vielleicht müssen Sie

Wenn der Hund die Tür bewacht und jedes Mal bellt, sobald sich diese öffnet, ist das aus seiner Sicht verständlich, im Bürobereich aber eher kontraproduktiv. Trainieren und belohnen Sie gezielt das Ruhigsein!

anfangs bereits füttern, wenn Sie hören, dass sich jemand der Tür nähert. Dazu ist es sinnvoll, einige Trainingssituationen zu schaffen. Bestellen Sie sich einige Kolleginnen oder Kollegen und lassen Sie diese immer wieder in den Raum kommen. So sind Sie vorbereitet und können frühzeitig reagieren. Nach und nach übertragen Sie das Ganze auf die alltäglichen Situationen, bis der Hund gelernt hat, dass sich Stillsein lohnt.

Verpassen Sie einmal den Moment und der Hund beginnt doch zu bellen, dann unterbrechen Sie das Bellen am besten mit einem neutralen Reiz. Das sollte irgendetwas sein, was den Hund dazu bewegt, mit dem Bellen zu stoppen, was aber nichts mit dem Hund zu tun hat. Lassen Sie z. B. in einigen Metern Entfernung zum Hund etwas fallen, das seine Aufmerksamkeit erregt oder rufen Sie laut Hallo oder klatschen Sie in die Hände. Dabei sollten Sie nicht auf den Hund achten, damit Sie das Verhalten so wenig wie möglich verstärken. Sie können den Hund auch sanft mit einem Finger antippen, um ihn zu stoppen oder Sie haben vielleicht schon ein Signal, mit dem Sie ihn unterbrechen können. Hört der Hund einen Moment auf zu bellen, belohnen Sie wieder das Leisesein. Wichtig ist, dass dies nicht zu oft vorkommt. Mit dem Unterbrechen gehen Sie nämlich auf das Bellen des Hundes ein und belohnen es damit auch ungewollt. Oder Sie belohnen die Verhaltenskette Bellen – Leise sein – Bellen – Leise sein… Deshalb sollten Sie sich darauf konzentrieren, den Hund zu belohnen, bevor er bellt.

Der Hund klaut das Essen der Kolleginnen und Kollegen:

Klaut der Hund das Essen Ihrer Kollegen vom Schreibtisch oder das Pausenbrot aus den Schulranzen Ihrer Schüler, dann sollten Sie trainieren, dass er es liegen lässt.

Training:

Hier ist es wie bei allen Problemverhalten wichtig, dass Sie sich überlegen, was Ihr Hund denn stattdessen tun soll. Er soll das Wurstbrot nicht vom Tisch nehmen – aber was soll er denn tun, wenn dort etwas

Leckeres liegt? Eine Möglichkeit ist, dass er zu Ihnen kommen soll oder sich auf seine Decke legen soll. Dazu schaffen Sie wieder Trainingssituationen. Legen Sie etwas Leckeres auf den Tisch. Nehmen Sie den Hund an die Leine, sodass er nicht an das Essen auf dem Tisch heran kommt. Sobald er das Wurstbrot bemerkt, rufen Sie ihn zu sich und geben dem Hund etwas noch Besseres bei Ihnen. Machen Sie das immer und immer wieder. Sobald der Hund das Essen auf dem Tisch bemerkt, geben Sie ihm bei sich etwas besonders Leckeres. So lernt der Hund mit der Zeit, dass es sich lohnt, das Essen auf dem Tisch liegen zu lassen, weil es dann bei Ihnen etwas ganz Besonderes gibt. Ist der Hund anfangs sehr motiviert, das Essen vom Tisch zu nehmen, sichern Sie ihn mit der Leine, damit er nicht zum Erfolg kommt, das Essen also nicht klauen kann. Nach und nach wird er immer mehr vom Essen ablassen, um zu Ihnen zu kommen und sich sein Futter abzuholen.

Ihr Hund sollte Essbares auch dann nicht anrühren, wenn es auf Nasenhöhe vor ihm steht.

Möchten Sie, dass der Hund sich auf seinen Platz legt, sobald etwas Essbares auf dem Tisch liegt, dann machen Sie das Gleiche, rufen ihn, nachdem er es bemerkt hat, aber nicht zu sich, sondern legen ihn unter dem Tisch oder auf seinem Platz ab, um ihn dann mit einem ganz besonderen Leckerbissen zu belohnen.

Der Hund kommt nicht zur Ruhe:

Es gibt Hunde, die so hoch erregt sind, dass sie nicht zur Ruhe kommen und immer wieder mit Unruhe reagieren. Solch einen Hund am Arbeitsplatz zu haben ist nicht nur für den Hund, sondern auch für Sie stressig. Deshalb lohnt es sich, daran zu arbeiten, dass Ihr Hund gut zur Ruhe kommen kann.

Training:

Wenn Sie einen solchen Hund haben, sollten Sie immer wieder in allen möglichen Lebenslagen Ruhehalten trainieren: Zuhause, auf dem Spaziergang, beim Einkaufen, in fremden Häusern, in der Stadt, in ruhiger und lebhafter Umgebung. Dazu setzen Sie sich einfach auf einen Stuhl oder eine Bank oder stellen sich an den Rand des Geschehens und belohnen Sie den Hund, wenn er sich von alleine (ohne Signal) hinlegt. Das können Sie mit Futter, Streicheln oder netten Worten belohnen. Diese Übung machen Sie immer und immer wieder in verschiedenen Umgebungen Ihres Alltags: bei sich zu Hause, auf dem Waldspaziergang, auf einer Bank im Park, in der Fußgängerzone, neben dem Fußballplatz. Der Hund sollte lernen, dass er sich hinlegt, sobald Sie ihn nicht mehr beachten. Nach und nach sollte er sich immer schneller hinlegen und „abschalten“. So können Sie dann auch auf der Arbeit Ihrer Beschäftigung nachgehen, während der Hund auf seinem Platz liegt.

Haben Sie einen Hund, dem es sehr schwerfällt, zur Ruhe zu kommen, können Sie auch Hilfsmittel wie z. B. TTouch® oder Körperbandagen benutzen. Weitere Infos dazu bekommen Sie bei einem Tellington-Practitioner in Ihrer Nähe oder in geeigneter Literatur zur Tellington-Arbeit.

Eine andere Möglichkeit ist es, dem Hund zu helfen, indem Sie ihm etwas zu kauen geben. Kauen beruhigt und hilft einigen Hunden, besser zur Ruhe zu kommen.

Service: Nützliches und Bewährtes für den Bürohunde-Alltag

Taschen mit maulgerechtem Griff zum Apportieren: www.ernl.de

Mit Nassfutter befüllbares ***Futterspielzeug*** zum Ausschlecken: Toppl® von West Paw (USA) oder Kong®, beide erhältlich im gut sortierten Zoofachhandel.

Beschäftigungsspielzeug zum Befüllen mit trockenen Leckerli: Diverse Modelle von StarMark, erhältlich im Zoofachhandel.

Kühlmatten: Diverse Kühlprodukte von www.cani.cool ; Cool Bed IIITM von K&H (wasserbefüllt, nach außen dichter Überzug) bei oder Cool-Relax von Kerbl (selbstkühlendes Gel), erhältlich im Zoofachhandel.

Halterung für ***Futter- und Wassernapf*** mit Spritzschutz und Auffangsieb für eine saubere Umgebung: Neater Feeder® Fütterungssystem, www.padvital.de

Schicke ***Umhängetaschen*** mit getrennten Aufbewahrungsfächern für saubere Büro- und schmutzige Hundesachen mit vielen praktischen Extras: www.wild-hazel.de

Qualitativ hochwertige ***Hundeliegen und Hundebetten***: www.knuffelwuff.de

Zum Weiterlesen:

Zu den Themen Arbeitsorganisation und Systemisches Konsensieren:

Georg Paulus, Siegfried Schrotta et al., Systemisches Konsensieren – der Schlüssel zum gemeinsamen Erfolg. Danke-Verlag, 2013.

Christiane Wittig, Effektiv arbeiten im Homeoffice. Gabal Verlag, 2018.

Website und Blog www.wws-wittig.de

Zum Thema Hundetraining:

Viviane Theby, Verstärker verstehen. Kynos Verlag, 2018.

Christine Kompatscher, Pfote drauf! Pfiffiges Hundetraining leicht erklärt. Kynos Verlag, 2019.

Sabrina Reichel, Hilfe, es klingelt! Besuchertraining für überfreundliche, überdrehte und überwachungsfixierte Hunde. Kynos Verlag, 2016.